Raju Gawade
Sujata Dhutaraj

Banana

Raju Gawade
Sujata Dhutaraj

Banana

Efeito de Diferentes Níveis de Fertirrigação no Crescimento, Rendimento e Qualidade da Banana (Musa paradisica L.) Cv. Grand Naine

ScienciaScripts

Imprint

Cover image: www.ingimage.com

This book is a translation from the original published under ISBN 978-620-7-80717-8.

Publisher:
Sciencia Scripts
is a trademark of
Dodo Books Indian Ocean Ltd. and OmniScriptum S.R.L publishing group

120 High Road, East Finchley, London, N2 9ED, United Kingdom
Str. Armeneasca 28/1, office 1, Chisinau MD-2012, Republic of Moldova, Europe
Printed at: see last page
ISBN: 978-620-7-90322-1

Efeito de Diferentes Níveis de Fertirrigação no Crescimento, Rendimento e Qualidade da Banana (*Musa paradisica* L.) Cv. Grand Naine

Índice

RECONHECIMENTO

"Trabalho árduo, força de vontade e dedicação

Para uma pessoa com estas qualidades, o céu é o limite".

Milkha Singh.

Antes de dar lugar aos meus sentimentos, saúdo cordialmente essa suprema consciência cósmica da qual tudo se origina no princípio e para a qual tudo vai no fim. Apesar de as palavras formais e mortas não poderem transportar consigo a fragrância das emoções, são as únicas formas disponíveis para exprimir emoções num reconhecimento tão formal.

É com orgulho que tenho o privilégio de exprimir o meu profundo agradecimento ao meu orientador de investigação, **Dr. S. V. Dhutraj,** Professor Assistente de Horticultura, Estação de Investigação de Bananas, Nanded. VNMKV, Parbhani e Presidente do meu comité consultivo, que, de uma forma única, me proporcionou um encorajamento constante, inspirando orientação escolar, amor e afeto que me foram oferecidos durante o curso do meu estudo e investigação. Estou muito grato à Senhora Presidente por me ter disponibilizado o seu precioso tempo para preparar este manuscrito.

I express my sincere thanks to **Dr. A.S. Dhawan,** Vice Chancellor, VNMKV, Parbhani, **Dr. D. P. Waskar,** Director of Research, VNMKV, Parbhani, **Dr. P. G. Ingole,** Director of Extension, VNMKV, Parbhani, **Dr. D. N. Gokhale,** Director of Instruction and Dean, Faculty of Agriculture, **Dr. Syed Ismail,** Diretor Associado e Diretor da Faculdade de Agricultura, VNMKV, Parbhani e **o Dr. T. B. Tambe**, Chefe do Departamento de Horticultura, VNMKV, Parbhani, por terem disponibilizado todas as instalações necessárias e pelo seu valioso contributo para a realização deste estudo.

"Assim, aproveito a oportunidade para expressar os meus sinceros agradecimentos ao membro do Comité Consultivo, **Dr. T. B. Tambe**, Chefe do Departamento de Horticultura, VNMKV, Parbhani, **Dr. V.N. Shinde,** Professor Assistente, Departamento de Horticultura, Faculdade de Agricultura, Parbhani, Prof. **R. V. Deshmukh,** Responsável, Professor Assistente de Fitopatologia, Estação de Investigação de Bananas, Nanded. VNMKV, Parbhani,

Expresso os meus sinceros agradecimentos ao **Dr. A. M. Bhosle,** Professor Assistente, Departamento de Horticultura, Faculdade de Agricultura, Parbhani, ao **Dr. V.N. Shinde**, Professor Assistente, Departamento de Horticultura, Faculdade de Agricultura, Parbhani, e ao Prof. **R. V. Bhalerao,** Professor Assistente, Departamento de

Horticultura, Faculdade de Agricultura, Parbhani, pela sua ajuda amável, encorajamento constante e inspiração ao longo do meu estudo de pós-graduação.

Os meus agradecimentos cordiais ao Shri. Paras Pawar, Shri. Sheikh Dastigar, Shri Marahotrao Shinde, Shri D.S. Bagal, Shri Parmeshwar Shinde, Shri. Khating Bhau, Shri. Anis Bhai, Sau. Nandabai Waware, Sau. Karimabai Shaikh e todos os membros do pessoal do Departamento de Horticultura, VNMKV, Parbhani podem ser considerados como as horas de luz para os transatlânticos que gentilmente navegaram no meu navio de perseguição académica e gostaria de lhes manifestar a minha gratidão.

Os meus agradecimentos especiais ao Sr. R. B. Bhusari Sir, Shri. Sontakke Mama, Shri. Hamid Mama, Sau. Asha Tai, e a todo o pessoal da Estação de Investigação de Bananas, Nanded, que podem ser considerados como uma casa de luz e me ajudam e cuidam de todo o meu trabalho de investigação. Estou-lhes muito grato.

Gostaria de aproveitar esta oportunidade para expressar a minha mais profunda e sincera (não há palavras para exprimir) gratidão ao meu querido pai **Shri. Namdeo Sadashiv Gawade, à** minha querida mãe **Sau. Rangubai Namdeo Gawade,** e muito mais ao meu irmão **Dadasaheb Namdeo Gawade** pela inspiração contínua, pelo encorajamento constante, pelo apoio moral, pelo afeto e pela orientação durante todo o meu período de estudo na construção da minha carreira educativa.

É preciso ter um amigo sincero em todos os momentos importantes da vida para suportar alegremente o cansaço das manchas. Não preciso de falar do seu amor e afeto.

O afeto e o amor que recebi dos meus colegas de doutoramento, **o Dr. Govind Khawale, o Dr. Amol Palekar e o Dr. Sachin Pawhane**, que me apoiaram fortemente e me deram coragem para realizar este trabalho de investigação.

É com grande prazer que reconheço a ajuda infalível dos meus amigos e da minha **família da Horticultura, Rahul, Deepak, Shriram, Kiran, Vijay, Ganesh, Om, Sujit, Badrinath, Pooja, Shrotika, Monika, Sonal** e **Sonam, que me ajudaram em** todo o meu trabalho de análise e que me deram um cuidado benigno, um encorajamento zeloso e um apoio moral durante todo o curso de estudo.

As palavras não podem exprimir o seu reconhecimento para expressar a minha mais profunda e sincera gratidão, estou muito grato aos meus amigos íntimos, nomeadamente, **Kanifnath Naikare , Mayur Bhujbal, Nikhil Giramkar , Rushikesh Lambe, Shubham Shrivat, Amruta Said, Vaishali Chavan, Bhavana Khaire,**

Varsharani Bhoie, Dhananjay Darandale, pela sua ajuda amável, encorajamento constante e inspiração ao longo do meu estudo de pós-graduação.

Se é possível que as palavras limitem a minha expressão na companhia de quem, nunca senti o fardo porque podia ver todas as mãos que me ajudavam na escuridão da amálgama de tensão e ansiedade dos meus amigos especiais, **o Sr. Sharad Gawade e o Sr. Balasaheb Bhavar.**

Por último, mas não menos importante, as minhas palavras não conseguem exprimir o reconhecimento da minha mais profunda e sincera gratidão. Estou muito grata à minha **adorável irmã Sonali Gawade**, que está sempre comigo nos meus altos e baixos, nas minhas alegrias e tristezas e que nunca me deixa ir embora nas minhas situações difíceis. Estou-lhe muito grato por tanto amor, afeto, apoio, encorajamento, orientação e sugestões necessárias para comigo e por estar sempre ao meu lado em todas as situações.

Estou especialmente grato aos meus amigos **Mahendra, Yogesh e Ajinkya** pelo apoio da amizade na minha vida de pós-graduado.

Por último e nunca menos importante, o meu caloroso reconhecimento ao meu amado Deus **Shri. Shivaji Maharaj, Shri. Sai Baba, Shri. Vithu Mauli, Shri. Hare Krishna Prabhu, ao meu Senhor Hanuman** e a todos aqueles que me ajudaram no decurso do meu trabalho de investigação, cujos nomes me esqueci de mencionar aqui devido às minhas limitações.

Enquanto percorria este caminho da educação, muitas mãos me empurraram para a frente e os corações aprendidos colocaram-me no caminho certo. A eles o meu melhor agradecimento.

(GAWADE RAJU NAMDEO)

ABREVIATURAS

SR. NO	ABBREVIATION	MEANING
1	Anon.	Anonymous
2	BC	Before Christ
3	C.D.	Critical difference
4	Cm	Centimetre
5	Cv.	Cultivar
6	*et al.,*	and co-workers
7	G	Gram
8	Ha	Hectare
9	i.e.	That is
10	m^2	Square meter
11	MT	Metric Tones
12	N	Nitrogen
13	S.Em. ±	Standard error of mean
14	TSS	Total Soluble Solids
15	RBD	Randomized Block Design
16	RDF	Recommended Dose of Fertilizer
17	Q	Quintal
18	Viz.,	Namely
19	P	Phosphorus
20	°C	Degree centigrade
21	%	Percent

Resumo

Uma investigação sobre "Efeito de diferentes níveis de fertirrigação no crescimento, rendimento e qualidade da banana (*Musa paradisica* L.) Cv. Grand Naine" foi conduzida na Estação de Pesquisa de Banana, Nanded, Taluka e Distrito Nanded, Maharashtra, durante o ano de 2018-2019. A experiência de campo foi organizada num esquema de blocos aleatórios com sete tratamentos e três repetições. O experimento consiste em sete combinações de tratamento *viz.*, T_1 - 50% RDF por meio de fertirrigação, T_2 - 60% RDF por meio de fertirrigação, T_3 - 70% RDF por meio de fertirrigação, T_4 - 80% RDF por meio de fertirrigação, T_5 - 90% RDF por meio de fertirrigação, T_6 - 100% RDF por meio de fertirrigação, T_7 (controle) - 100% RDF por meio de aplicação no solo.

A experiência realizada teve como objetivo estudar o efeito de diferentes níveis de fertirrigação no crescimento, rendimento e qualidade da banana. Foram registadas observações sobre atributos de crescimento, atributos de maturidade, atributos de cacho, atributos de dedo, atributos de rendimento, atributos de qualidade e economia de tratamentos individuais.

Os resultados do presente estudo indicaram uma diferença significativa com o respetivo crescimento, rendimento, qualidade e retornos monetários entre os diferentes tratamentos experimentados. Os atributos de crescimento *viz.* altura máxima da planta (212,63 cm), perímetro da planta (70,77 cm), número de folhas por planta (16,91) e área foliar (15,95 m^2) foram registados pelo tratamento T_6 *i.e.,* 100% FTR através de fertirrigação. Os valores mínimos de altura da planta (180,36 cm), perímetro da planta (61,51 cm), número de folhas por planta (14,40) e área foliar (12,75 m^2) foram registados pelo tratamento T_7 *i.e., 100% FTR* através da aplicação no solo (Controlo).

A duração da cultura, *ou seja, o* número mínimo de dias (220,60 dias) necessários para a floração após o plantio, o número mínimo de dias necessários para a colheita após a floração (115,60 dias) e o número mínimo de dias para a duração total da cultura (336,20 dias) foram registados com o tratamento T_6 , *ou seja,* 100% RDF através de fertirrigação. Enquanto os dias máximos necessários para a floração (234,50 dias), o número máximo de dias necessários para a colheita após a floração (124,00 dias) e a duração total da cultura (358,50 dias) foram registados pelo tratamento T_7 *i.e., 100% FTR* através da aplicação no solo (Controlo).

O tratamento T_6 foi o mais eficaz nas características do cacho e dos dedos entre todos os tratamentos. O número máximo de mãos por cacho (10,20), o número de dedos por mão (17,20) e o número total de dedos por cacho (148,10) foram registados pelo tratamento T_6 , *ou seja,* 100% FTR através de fertirrigação. Esta combinação também foi mais eficaz no aumento das características dos dedos como, comprimento do dedo (22,85 cm), circunferência do dedo (14,60 cm) e peso do dedo (154,60 g).

Os atributos de rendimento, *ou seja, o* peso máximo do cacho (22,54 kg) e o rendimento por hectare (100,20 Mt por ha) foram registados pelo tratamento T_6 , *ou seja,* 100% FTR através de fertirrigação. Enquanto o peso mínimo do cacho (18,00 kg) e o rendimento por hectare (80,00 Mt por ha) foram registados pelo tratamento T_7 *i.e.,* 100% RDF através da aplicação no solo (Controlo).

Os atributos de qualidade *viz.,* peso máximo da polpa (108,50 g), peso da casca (46,10 g), relação polpa/casca (2,35), acidez (0,163 %), açúcar redutor (12,70%), açúcar não redutor (7,20%), açúcar total (19,90%), e sólidos solúveis totais (23,02^0 Brix) foram registados pelo tratamento T_6 *i.e.,* 100% FTR através de fertirrigação. No entanto, o peso mínimo da polpa, peso da casca, relação polpa/casca, acidez, açúcar redutor, não redutor, açúcar total e sólidos solúveis totais foram registados pelo tratamento T_7 , *ou seja, 100% FTR* através da aplicação no solo (Controlo).

O maior rácio benefício: custo (3,08) foi registado pelo tratamento T_6 *i.e.,* 100% RDF através de fertirrigação que tem retornos monetários líquidos (541370 Rs.). No entanto, a relação benefício/custo mais baixa (2,80) foi registada no tratamento T_7 , *ou seja, 100% FTR* através da aplicação no solo (Controlo) com retornos monetários líquidos de (360000 RS.).

CAPÍTULO -I

INTRODUÇÃO

A banana (*Musa spp.*) é um dos frutos mais antigos conhecidos pela humanidade e o seu passado longínquo remonta ao seu aparecimento no Ramayana (2029 a.C., Kautilyas Arthashatra 300-400 a.C.). Nos tempos primitivos, era conhecido em toda a zona tropical do Sudeste Asiático. O seu centro de origem é o Sudeste Asiático. A banana foi introduzida em todas as regiões tropicais e subtropicais do mundo, onde adquiriu grande importância e popularidade (Simmonds e Shephard, 1955). A banana aparece frequentemente na literatura védica, onde a sua utilização em rituais religiosos é bastante comum. Atualmente, é um dos principais frutos tropicais no mercado mundial, com um elevado potencial de exportação. É amplamente cultivada em países como a Índia, o Equador, as Honduras, o Uganda, o México, a China, o Brasil, a África do Sul, a Tailândia, a Indonésia, etc. Considerando que, EUA, Japão, Alemanha, França, Reino Unido são países importadores de régua.

Na galáxia das culturas frutícolas, a banana é a cultura mais dominante. Os frutos e a sua cultura têm uma relação muito estreita com a vida do homem e a sociedade humana está ligada à expansão da indústria frutícola. A função dos frutos, que são amplamente designados como alimentos protectores na dieta humana, é bem conhecida desde o período pré-histórico. A banana é conhecida como **"Maçã do Paraíso"**, que é uma das principais unidades fotossintéticas do reino vegetal. A banana é a base da alimentação, forragem, fibras, bebidas, açúcares fermentáveis, medicamentos, aromatizantes, alimentos cozinhados, silagem, fragrância, corda, cordame, grinaldas, abrigo, vestuário, material para fumar, embrulho/parcelamento, fabrico de telhados e revestimentos de paredes e tem numerosas utilizações religiosas e industriais, como no fabrico de resina/goma/cola/látex, corante e curtimento. Devido a estas utilizações versáteis, é conhecida como ***Kalpataru*** (uma planta de virtudes). É uma árvore em que todas as partes da planta, incluindo as folhas, o pseudocaule, o botão floral e o milho, podem ser utilizadas num ou noutro método (K. L. Chadha, 1974).

A cultura tem uma importância muito maior na determinação da classe socioeconómica dos agricultores. As folhas, a planta com o cacho e os frutos são utilizados na maior parte das festas religiosas, enquanto a flor e o caule da bananeira são também utilizados para confecionar produtos alimentares na cozinha indiana. É mencionada por muitos escritores pré-históricos gregos, árabes e romanos. Do ponto de vista botânico, os frutos da bananeira são bagas maravilhosas, que constituem o alimento básico de milhões de pessoas em todo o mundo, proporcionando um alimento mais imparcial do que qualquer outro fruto ou vegetal.

Na Índia, a banana é a quarta cultura alimentar vital em termos de valor bruto, sendo apenas ultrapassada pelo arroz, o trigo e os produtos lácteos. É também um fruto de sobremesa para milhões de pessoas, para além de um alimento básico, devido aos seus hidratos de carbono ricos e dificilmente digeríveis, com um elevado valor energético de 67-137 por 100 g por fruto, é um alimento de elevada qualidade em termos de vitamina A (190 UI por 100 g de porção madura) e vitamina C (100 mg por 100 g) e uma base razoável de vitamina B e B2. Os frutos são também ricos em minerais como o magnésio, o sódio, o potássio, o fósforo e uma base razoável de cálcio e ferro. A banana constitui uma dieta equilibrada, saudável e sem sal, melhor do que muitos frutos. Um hectare de bananas produz 37,5 milhões de calorias de energia, em comparação com 2,5 milhões de calorias provenientes do trigo e de utilizações diversas. Cerca de 24 bananas, cada uma pesando cerca de 100 g, dariam o pré-requisito energético (2400 calorias por dia) de um homem (Singh, 2002).

A banana é cultivada no mundo em cerca de 4,83 milhões de hectares com uma produção mundial de 99,99 milhões de toneladas métricas, com uma produção de 20,8 toneladas métricas (Anon.2017). A Índia é responsável por 29% da produção e ocupa o primeiro lugar em termos de área e produção de banana no mundo. A seguir à Índia, a China ficou em segundo lugar, enquanto as Filipinas ficaram em terceiro lugar na produção, contribuindo com 10% e 9%, respetivamente. Outros grandes países produtores de banana são o Equador (8 por cento), o Brasil (7 por cento), a Indonésia (6 por cento), a Tanzânia (3 por cento), a Guatemala (3 por cento), o México (2 por cento) e a Colômbia (2 por cento) (Anon.2017).

Na Índia, a banana é uma das principais e mais importantes culturas, sendo a segunda maior cultura de frutos, a manga, que ocupa 20% da área total cultivada. A área total cultivada com banana é de 8 58 000 ha e a produção total é de 30,20 milhões de toneladas métricas, com um rendimento de 35,25 toneladas métricas por ha, sendo a quota de produção das principais culturas frutícolas na Índia de 33,6 por cento (Anon.2017)

Maharashtra é o segundo estado produtor máximo de banana na Índia, com uma produção de 3,07 milhões de toneladas métricas numa área de 74.680 ha. com uma produtividade de 41,14 toneladas métricas por ha e uma quota de 15,50 por cento da produção total de banana na Índia (Anon.2016). As cultivares de banana cultivadas em

Maharashtra são Cavendish anã, Basrai, Robusta, Grand Naine, Ardhapuri, Lal Velchi, Safed Velchi, etc. Na região de Marathwada, a área total cultivada com banana é de 1, 13,298 ha (Anon.2017), que compreende os distritos de Nanded, Parbhani e Hingoli.

A bananeira é um alimentador intenso de nutrientes e requer grandes quantidades de nutrientes minerais para um crescimento e desenvolvimento adequados (Hazarika e Ansari 2010). Por conseguinte, é de extrema importância manter uma elevada produtividade do solo para garantir um rendimento elevado de frutos de melhor qualidade. Estima-se que as despesas com adubos e fertilizantes representam cerca de 20-30% do custo de produção da banana (Robusta) (Kulasekaran, 1993). Por conseguinte, a obtenção de um equilíbrio entre a programação da água e dos fertilizantes requer uma atenção extraordinária para manter uma produtividade elevada. Estima-se que as perdas de água e nutrientes aplicados no método convencional de utilização de água e fertilizantes sejam superiores a 30-40 por cento.

A fim de evitar a perda de nutrientes do método direto de aplicação de fertilizantes, *ou seja*, a perda de N através da lixiviação, volatilização, desaparecimento e martelamento de P e K por fixação no solo, a aplicação de fertilizantes líquidos através de fertirrigação por gotejamento é incentivada e a economia de fertilizantes é de até 30 por cento (Guerra *et al.,* 2004). Além disso, economiza trabalho e tempo e fornece nutrientes uniformemente.

A Grand Naine (G-9) é uma cultivar de *Musa acuminate* e uma fonte de bananas Cavendish comercializáveis. É também reconhecida como a banana Chiquita, uma vez que é o principal produto das marcas Chiquita. A Grand Naine, introduzida em 1995, foi adoptada para uma produção rentável. Alcançou exatamente todos os estados produtores de Cavendish, substituindo a Basarai até certo ponto. É mais alta do que a Basarai, com um período de 12-14 meses, dependendo das práticas de gestão. A Grand Naine produz um rendimento de cacho de 18-30 kg. As mãos são bem espaçadas, a direção dos dedos é reta, de maiores dimensões mas com sulcos distintos na maturidade. Devido a muitos caracteres invejáveis, como a excelente qualidade da fruta, o tempo de soqueira mais curto e é extra produtivo. Não suporta a seca. É o clone comercializável mais importante a nível mundial pela sua resistência ao vento e pela produção de cachos e dedos grandes, apesar da sua altura relativamente pequena. Este carácter mostrou capacidade de resposta em relação à irrigação por gotejamento e fertirrigação e provou a sua vantagem na cintura seca de Maharashtra, Karnataka e Andhra Pradesh. A comercialização é excelente. (Patil *et.al,* 2012)

A fertirrigação é um novo método intelectual inventivo, através do qual não só se aplicam fertilizantes, correctivos do solo ou outros produtos solúveis em água através de um sistema de irrigação para obter uma maior eficiência na utilização de fertilizantes, mas também para aumentar o rendimento das culturas. Aumenta a eficiência da utilização de fertilizantes através de uma quantidade pequena e controlada de fertilizantes que são aplicados ao longo da estação de crescimento da cultura, em comparação com uma grande quantidade de fertilizantes colocados no solo no início da estação, como na prática corrente (Dangler e Locascio, 1990). A fertirrigação é um método que combina a irrigação com a fertilização através de qualquer sistema de micro irrigação, particularmente através da irrigação por gotejamento. A fertilização pode trazer um controlo preciso da água e dos nutrientes na área circundante imediata do sistema radicular. Assim, é simples e proficiente fertilizar a cultura e também previne o contágio de fertilizantes no lençol freático através da lixiviação abaixo da região da raiz da cultura (Hagin e Lowengart, 1996).

O método de aplicação de fertilizantes solúveis em água ou fertilizantes líquidos através do sistema de irrigação por gotejamento é chamado de fertirrigação. Fertilizantes solúveis pré-dissolvidos são injetados na linha de alimentação do sistema de irrigação por gotejamento neste método. A fertirrigação é benéfica sobre a aplicação de fertilizantes sólidos no solo por vias subsequentes (Biswas, 2010):

a. Reduzir as perdas de fertilizantes por escoamento e lixiviação.

b. Melhorar a eficiência da utilização de nutrientes e poupar na quantidade de fertilizantes.

c. Diminui o custo dos carregadores de aplicação e de mão de obra.

d. Aumenta o rendimento e a qualidade das plantas.

e. Evitar a erosão do solo e desenvolver a saúde do solo.

Os custos cada vez mais elevados dos diferentes fertilizantes são a principal base das despesas e afectam o rendimento dos agricultores. Por conseguinte, os agricultores devem ser orientados quanto à forma mais eficiente de divisão e aos métodos de aplicação de fertilizantes, em especial para as culturas de alimentação intensiva como a banana, a fim de obterem a maior eficiência de utilização dos fertilizantes e o maior rendimento líquido. Na região de Marathwada, a precipitação é muito baixa e os recursos hídricos são limitados, pelo que a utilização do sistema de fertirrigação na banana desempenha uma função vital no crescimento e desenvolvimento da cultura.

Tendo em conta todos os factos acima referidos, a investigação "efeito de diferentes níveis de fertirrigação no crescimento, rendimento e qualidade da banana cv. Grand Naine" foi levada a cabo com o objetivo subsequente:

1. Estudar o efeito de diferentes níveis de fertirrigação no crescimento, rendimento e qualidade da banana cv. Grand Naine.

CAPÍTULO -II

MATERIAIS E MÉTODOS

A experiência intitulada **"efeito de diferentes níveis de fertirrigação no crescimento, rendimento e qualidade da banana (*Musa paradisica* L.) Cv. Grand Naine"** foi realizada na Estação de Investigação de Banana, Nanded, Maharashtra, durante 2018-2019. O material utilizado e a metodologia adoptada durante a experiência foram discutidos neste capítulo.

2.1 Pormenores do material experimental

2.1.1 Local da experiência

A presente experiência de campo foi realizada durante 2018-2019 na Estação de Investigação da Banana, Nanded, Taluka e Distrito de Nanded, Maharashtra.

2.1.2 Solo experimental

A paisagem do campo experimental era bastante nivelada. O solo era de algodão preto pesado e profundo (cerca de 60 cm de profundidade) e bem drenado.

2.1.3 Localização geográfica e clima do sítio experimental

Nanded está situada a 409 m acima do nível médio do mar. Situa-se geograficamente entre 18^0 15' e 19^0 55' de latitude norte e 77^0 e 78^0 25' de longitude leste e tem um clima subtropical. O clima de Marathwada caracteriza-se por um verão quente e uma secura generalizada ao longo do ano, exceto durante a monção do sudoeste. Do ponto de vista agrícola, o ano divide-se em duas estações: *Kharif*, de junho a setembro, e *Rabi,* de outubro a março. Cerca de 75 por cento da precipitação é recebida na *Kharif* e o restante durante a *Rabi.* Nanded recebe uma precipitação média anual de 1194 mm em cerca de 57 dias, geralmente proveniente da monção do sudoeste, entre junho e a primeira semana de outubro, e agrupada na zona de precipitação garantida. O tempo frio começa em meados de novembro e atinge o seu pico no mês de janeiro, com uma temperatura máxima de 29^0 C e mínima de $9{,}5^0$ C, resultando numa média normal de $19{,}5^0$ C. O verão é quente, com temperaturas máximas de $41\text{-}46^0$ C no mês de maio.

2.2 Pormenores experimentais

2.2.1 Pormenores da experiência

A) Nome da cultura : Banana

B) Família : Musáceas

C) Variedades : Grand Naine

D) Conceção experimental : Desenho de blocos aleatórios

E) Tratamentos : 7

F) Réplicas : 3

G) Espaçamento : 1,5M x 1,5M

H) Ano da experiência : 2018-2019

I) Sítio experimental : Estação de Investigação da Banana, Nanded.

J) Dose recomendada de fertilizante : 200:160:200 g NPK por planta

2.2.2 Pormenores do tratamento

Tabela 2.1: Detalhes do tratamento

Símbolo	Tratamentos
T_1	50% da dose recomendada de fertilizante (por fertirrigação)
T_2	60 por cento da dose recomendada de fertilizante (através de fertirrigação)
T_3	70% da dose recomendada de fertilizante (por fertirrigação)
T_4	80% da dose recomendada de fertilizante (por fertirrigação)
T_5	90 por cento da dose recomendada de fertilizante (através de fertirrigação)
T_6	100% da dose recomendada de fertilizante (por fertirrigação)
T_7	Controlo (dose recomendada de fertilizante através da aplicação no solo)

(T_1 - T_6 : Níveis de fertilizantes solúveis em água por gotejamento).

2.3 Pormenores da cultura

2.3.1 Lavoura preparatória

O campo foi lavrado com um trator imediatamente após a colheita da cultura anterior. Em seguida, foi gradado duas vezes com uma grade de lâminas para obter um solo solto e friável. Os restolhos da cultura anterior foram recolhidos antes da última gradagem. O terreno foi limpo de ervas daninhas.

2.3.2 Localização do sítio experimental

A experiência foi efectuada na exploração da Banana Research Station situada em Nanded, Taluka e District Nanded.

2.3.3 Planta de implantação

Após a realização das operações preliminares de preparo do solo, o experimento foi disposto em blocos casualizados. A aleatorização foi feita em sete tratamentos com três repetições, conforme processo preconizado por Panse e Sukhtame (1967).

2.3.4 Plantação

O experimento foi plantado com mudas de cultura de tecidos (estágio foliar) foram plantadas em covas de 1 x 1 x 1 pé a uma distância de 1,5 x 1,5 m, para testar o efeito de diferentes níveis de fertirrigação no crescimento, rendimento e qualidade da banana (*Musa paradisica* L) cv. Grand Naine

2.3.5 Material de plantação

Foram produzidas mudas de cultura de tecidos de banana Cv. Grand Naine foram produzidas no Laboratório de Cultura de Tecidos do Vasantrao Naik Marathwada Krishi Vidyapeeth, Parbhani.

2.3.6 Hora da aplicação

Os tratamentos foram efectuados em cinco fases diferentes do crescimento da cultura. O momento da aplicação do fertilizante (fertirrigação) na banana é o seguinte.

1) 30 - 45 dias após a plantação

2) 46 - 70 dias após a plantação

3) 71 - 146 dias após a plantação

4)147 - 272 dias após a plantação

5)273 - 300 dias após a plantação

2.3.7 Fertilizante utilizado

A dose recomendada de fertilizante para a bananeira é de 200:160:200 g NPK por planta. No tratamento de controlo, os fertilizantes foram aplicados através de ureia, superfosfato simples e muriato de potássio, respetivamente.

Nos tratamentos com fertilizantes solúveis em água, foram utilizados para a fertirrigação diferentes tipos de fertilizantes, nomeadamente ureia (46:0:0), fosfato monoamónico (12:61:00) e sulfato de potássio (0:0:50).

2.3.8 Calendário de fertilizantes

O calendário de aplicação de fertilizantes foi seguido de acordo com a recomendação dada pelo VNMKV, Parbhani. A dose de fertilizante deve ser calculada para a banana em diferentes níveis de fertirrigação de acordo com os tratamentos, ou seja, 50%, 60%, 70%, 80%, 90% e 100% da dose recomendada de fertilizantes.

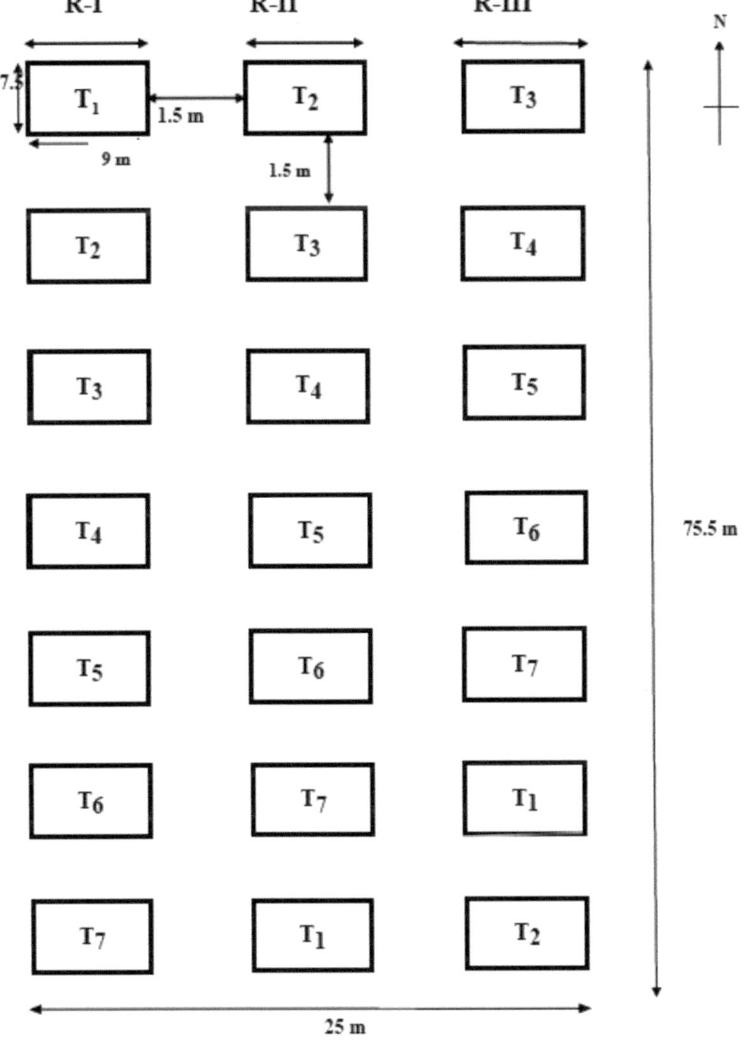

Fig.2.1. Planta de implantação

2.4 Acções interculturais

2.4.1 Deservagem

Para manter a parcela experimental livre de ervas daninhas, a monda manual foi feita como e quando necessário, *ou seja*, duas vezes no mês da estação chuvosa e de inverno e uma vez na estação de verão.

2.4.2 De-suckering

A desponta foi efectuada através do corte dos rebentos sem danificar as plantas-mãe e foi realizada de tempos a tempos.

2.4.3 Quebra-ventos

A relva Gajraj foi plantada à volta do campo em todas as direcções como quebra-vento.

2.4.4 Ligação à terra

A ligação à terra foi efectuada no início do período de verão e no período de chuvas. A ligação à terra foi efectuada ao longo da encosta para permitir a drenagem e evitar a acumulação de água na base.

2.4.5 Deitar fora

Para eliminar os insectos hibernantes que servem de hospedeiros de algumas doenças e também para facilitar a medição do pseudocaule, as folhas secas e podres foram separadas à medida que apareciam.

2.4.6 Inclinação

Os botões masculinos foram separados após o aparecimento das flores pistiladas para favorecer o desenvolvimento dos frutos e combater a doença do topo dos dedos.

2.4.7 Escoramento

O escoramento foi feito com bambu ao pseudocaule durante todo o período de desenvolvimento do cacho para evitar o acamamento da planta devido ao peso do cacho.

2.5 Observações registadas

Cinco plantas de todos os tratamentos foram seleccionadas arbitrariamente e etiquetadas. Estas plantas foram utilizadas para medir todas as observações morfológicas no que respeita ao crescimento, rendimento e qualidade da cultura.

2.5.1 Atributos de crescimento

Os atributos de crescimento, *nomeadamente a* altura da planta (cm), a circunferência do caule (cm), o número de folhas por planta e a área foliar (m^2) foram registados 3 meses após a plantação, 5 meses após a plantação, 7 meses após a plantação e na fase de rebentação.

2.5.1.1 Altura da planta (cm)

A altura de cinco plantas foi medida independentemente com a ajuda de uma fita métrica, em centímetros. A altura do caule foi medida a partir do nível do solo até ao ponto mais elevado de contacto dos pecíolos das duas folhas mais jovens e a altura média foi determinada em centímetros.

2.5.1.2 Perímetro do caule (cm)

O perímetro do caule de cinco plantas foi medido independentemente com a ajuda de uma fita métrica, em centímetros, e depois a média foi determinada e expressa em centímetros.

2.5.1.3 Número de folhas por planta

O número de folhas da planta foi contado e a média foi determinada.

2.5.1.4 Área foliar $(m)^2$

A área foliar foi determinada por planta utilizando a seguinte fórmula e foi expressa em metros quadrados (Murray, 1960).

Área foliar = Comprimento da folha x Largura da folha x 0,8

2.5.2 Atributos de maturidade (dias)

2.5.2.1 Dias necessários para a floração após a plantação

O número de dias necessários para a floração após a plantação foi registado e, em seguida, foi determinada a média.

2.5.2.2 Dias necessários para a colheita após a floração

O número de dias necessários desde a floração até à maturidade foi registado e a média foi determinada.

2.5.2.3 Duração total da cultura (dias)

A duração total da cultura (dias) foi calculada adicionando os dias necessários para a floração após a plantação e os dias necessários para a colheita após a floração e a média foi determinada.

2.5.3 Atributos do lote

Os traços completos do cacho foram registados no momento da colheita dos cachos. Foram seleccionados aleatoriamente 10 cachos para registar as características dos cachos.

2.5.3.1 Número de mãos por cacho

O número de ponteiros por cacho foi contado através da contagem do número de ponteiros em cada cacho de cinco plantas seleccionadas de cada parcela. O número médio de ponteiros por cacho foi determinado e depois registado.

2.5.3.2 Número de dedos por mão

O número de dedos por mão foi registado através da contagem manual do número de dedos em cada mão de plantas seleccionadas de cada parcela. O número médio de dedos por mão foi determinado e depois registado.

2.5.3.3 Número total de dedos por cacho

O número de dedos por cacho foi registado através da contagem manual do número total de dedos em cada cacho de plantas seleccionadas de cada parcela. O número médio de dedos por cacho foi determinado e depois registado.

2.5.4 Atributos do dedo

Foram utilizados cinco dedos maduros de um cacho selecionado para registar todas as características dos dedos.

2.5.4.1 Comprimento do dedo (cm)

O comprimento do dedo foi calculado através da medição de cada fruto, desde o ponto de junção do fruto e do pedúnculo do fruto até à extremidade distal do fruto (extremidade da flor), com recurso a um fio e a uma escala de pés, tendo o comprimento médio do dedo sido registado e expresso em centímetros.

2.5.4.2 Perímetro do dedo (cm)

A circunferência do dedo foi calculada medindo a circunferência de cada fruto individual por meio de um fio e uma escala no ponto médio mais largo do dedo a partir do meio do fruto. A média do perímetro do dedo foi registada e expressa em centímetros.

2.5.4.3 Peso do dedo (g)

Os dedos foram pesados numa balança eletrónica e o peso médio dos dedos foi registado e expresso em gramas.

2.5.5 Caracteres de rendimento

2.5.5.1 Peso do cacho (kg)

Os cachos foram colhidos após a maturação total e o peso individual do cacho foi registado mantendo o cacho numa balança logo após a colheita. O peso do cacho foi registado juntamente com o pedúnculo até à junção da primeira folha da bráctea no topo da primeira mão e expresso em quilogramas.

2.5.5.2 Rendimento por hectare (Mt por ha)

O rendimento por hectare foi determinado multiplicando o rendimento individual por parcela pelo número de plantas por hectare e é expresso em toneladas métricas por hectare.

Rendimento (kg/cacho) x Número de plantas por ha

Rendimento (Mt/ha) = ---

1000

2.5.6 Atributos de qualidade

2.5.6.1 Peso da pasta (g)

O peso da polpa dos frutos maduros foi pesado após a remoção da casca, utilizando uma balança eletrónica, e o peso médio da polpa dos cachos foi registado e expresso em gramas.

2.5.6.2 Peso da casca (g)

O peso da casca dos respectivos frutos maduros foi pesado utilizando uma balança eletrónica e o peso médio da casca foi registado e expresso em gramas.

2.5.6.3 Rácio polpa/casca

A relação polpa/casca foi determinada dividindo o respetivo peso da polpa pelo respetivo peso da casca e a média foi registada.

$$\text{Rácio polpa/casca} = \frac{\text{Peso da pasta (g)}}{\text{Peso da casca (g)}}$$

2.5.6.4 Açúcares redutores (percentagem)

Determinação do teor de açúcares redutores nos frutos pelo método de Benedict. Benedict's S.R. (1908).

Processo de determinação do açúcar redutor pelo método de Benedict:

1. 10 g de polpa de banana e homogeneizar com a ajuda de um homogeneizador.
2. Após a homogeneização da polpa, adicioná-la ao balão volumétrico de 100 ml e perfazer o volume final de 100 ml.
3. Introduzir 25 ml de reagente de Benedict (qualitativo) num erlenmeyer; adicionar 2-3 g de carbonato de sódio anidro ao erlenmeyer.
4. Colocar a solução de banana na bureta e efetuar a titulação mantendo o erlenmeyer no bico do fogão até à mudança de cor. (No ponto final, a cor azul passa a verde).

2.5.6.5 Açúcares não redutores (em percentagem)

Determinação do teor de açúcares não redutores em frutos pelo método de Benedict. Benedict's S.R. (1908).

Processo de determinação dos açúcares não redutores pelo método de Benedict

1. Colocar 25 ml de solução de banana num copo e adicionar 12 ml de HCL 1N. Agitar bem o conteúdo e, em seguida, deixar ferver durante dois minutos. Arrefecer sob água corrente da torneira.

2. Após arrefecimento, adicionar NaOH 12N ao copo. Transferir o conteúdo do copo para um balão volumétrico de 250 ml e completar o volume até 250 ml.

3. Colocar esta solução numa bureta e titulá-la com o reagente de Benedict, como descrito no ponto "Açúcar redutor".

2.5.6.6 Açúcares totais (percentagem)

Açúcares totais = Açúcares redutores + Açúcares não redutores.

2.5.6.7 Sólidos solúveis totais (^{0} Brix)

Os sólidos solúveis totais do sumo foram determinados utilizando o refratómetro manual de Abbe e foram expressos em Brix. ^{0}

Procedimento para a determinação dos sólidos solúveis totais

1. Para o efeito, foram seleccionados aleatoriamente quatro frutos.

2. A polpa foi separada e depois bem homogeneizada em mistura eléctrica.

3. O sumo foi extraído com a ajuda de um pedaço de pano de musselina e testado no refratómetro manual. O refratómetro foi calibrado com água destilada antes da utilização.

2.5.6.8 Acidez titulável (percentagem)

Procedimento para a determinação da acidez

1. Colocar 50 ml de sumo de polpa de banana num erlenmeyer de 100 ml.

2. Adicionar algumas gotas (2-3 gotas) de fenolftaleína como indicador no erlenmeyer.

3. Encher a bureta com uma solução de NaOH 0,1N e efetuar a titulação (o ponto final é incolor a cor-de-rosa).

4. A acidez do sumo foi calculada utilizando a seguinte fórmula dada por Ranganna (1977) e expressa em termos de percentagem de ácido málico por 100 ml de sumo.

$$\text{Acidez titulável (percentagem)} = \frac{\text{Normalidade do NaOH} \times 0{,}064}{\text{Volume da amostra utilizada}} \times 100$$

2.5.7 Estudo económico

2.5.7.1 Rácio benefício/custo

A relação custo-benefício para os vários tratamentos foi calculada com base nas despesas totais e no lucro líquido, a fim de estudar a economia da cultura da banana.

$$\textbf{Rácio B: C} = \frac{\textbf{Rendimentos brutos por ha}}{\textbf{Custo de cultivo por ha}}$$

2.6 Análise estatística:

A experiência de campo foi efectuada em blocos casualizados (RBD) com sete tratamentos e três repetições. Foram seleccionadas cinco plantas por tratamento e por repetição e os valores de campo foram registados nessas plantas.

Os valores experimentais de todos os caracteres foram submetidos a uma análise estatística para uma interpretação correcta. A análise estatística dos valores relativos ao crescimento, rendimento e componente de qualidade da flor e da planta foi feita com o procedimento padrão dado para o Desenho de Blocos Aleatórios, seguindo a técnica de análise de variância de Fisher (ANOVA), como indicado por Panse e Sukhatme (1967). Foi efectuada uma análise estatística dos valores.

Os resultados obtidos foram apresentados sob a forma de quadros recapitulativos, fornecendo S.E. (m) ± em cada caso e CD ao nível de 5 por cento sempre que significativo. Os valores de CD foram tomados em consideração para ilustrar a conclusão.

CAPÍTULO - III

RESULTADOS E DISCUSSÃO

A presente investigação intitula-se **"Efeito de diferentes níveis de fertirrigação no crescimento, rendimento e qualidade da banana (*Musa paradisica* L.) Cv. Grand Naine"**. A experiência foi realizada na Banana Research Station, Nanded, Maharashtra. Os resultados obtidos durante a investigação e a discussão são apresentados neste capítulo, juntamente com quadros e figuras adequados, sob títulos apropriados.

3.1 Atributos de crescimento

No presente estudo, a altura da planta (cm), a circunferência do caule (cm), o número de folhas e a área foliar total (m^2) foram registados a partir de 3 meses após a plantação até à fase de rebentação. No presente estudo, observou-se que os tratamentos de fertirrigação com níveis mais elevados de NPK tiveram uma influência significativa nos caracteres de crescimento das plantas, como o aumento da altura da planta, perímetro do caule, número de folhas e área foliar, em comparação com a aplicação no solo. A altura da planta, a circunferência do caule, o número de folhas e a área foliar desempenham um papel importante no desempenho geral da bananeira em termos de produção de cachos de qualidade e maior rendimento (Robinson e Nel, 1989).

3.1.1 Altura da planta (cm)

Os dados referentes à altura da planta influenciada por diferentes tratamentos são apresentados na Tabela 3.1 e ilustrados na Fig. 3.1. O efeito dos diferentes níveis de fertirrigação na altura da planta foi significativo aos 3 meses após o plantio, 5 meses após o plantio, 7 meses após o plantio e no estágio de brotação. A altura da planta em todos os tratamentos aumentou linearmente com o avanço da idade, de 3 meses após o plantio até a fase de brotação. Inicialmente, em todos os tratamentos, o aumento da altura foi mais proeminente até à fase de rebentação. Foi observada uma diferença significativa em todos os tratamentos durante a fase de 3 meses após a plantação até à fase de rebentação.

Aos 3 meses após a plantação, os dados revelaram que, significativamente, a altura máxima da planta (102,2 cm) foi registada pelo tratamento T_6 , ou seja, 100 por cento da dose recomendada de fertilizante através da fertirrigação. No entanto, foi encontrado a par com o tratamento T_5 , ou seja, 90% da dose recomendada de fertilizante através da fertirrigação (95,78 cm) e o tratamento T_4 , ou seja, 80% da dose recomendada de fertilizante através da fertirrigação (92,68 cm), enquanto a altura mínima da planta

(75,77 cm) foi registada pelo tratamento T_7 , *ou seja,* 100% da dose recomendada de fertilizante através da aplicação no solo (Controlo).

Aos 5 meses após o plantio, a altura máxima significativa da planta (140,37 cm) foi registada pelo tratamento T_6 , ou seja, 100% da dose recomendada de fertilizante através da fertirrigação. No entanto, foi igual ao tratamento T_5 , ou seja, 90% da dose recomendada de fertilizante por meio de fertirrigação (135,44 cm), tratamento T_4 , ou seja, 80% da dose recomendada de fertilizante por meio de fertirrigação (132,78 cm) e T_3 , *ou seja,* 70% da dose recomendada de fertilizante por meio de fertirrigação (128,04 cm). No entanto, a altura mínima da planta (119,00 cm) foi registada pelo tratamento T_7 , *ou seja,* 100 por cento da dose recomendada de fertilizante através da aplicação no solo (Controlo).

Aos 7 meses após a plantação, a altura máxima da planta (172,04 cm) foi registada pelo tratamento T_6 , ou seja, 100 por cento da dose recomendada de fertilizante através de fertirrigação. No entanto, foi significativamente superior a todos os tratamentos, que foi estatisticamente igual ao tratamento T_5 , *ou seja, 90% da dose recomendada* de fertilizante através da fertirrigação (170,25 cm), tratamento T_4 , ou seja, 80% da dose recomendada de fertilizante através da fertirrigação (165,27 cm) e tratamento T_3 , *ou seja,* 70% da dose recomendada de fertilizante através da fertirrigação (161,14 cm). No entanto, a altura mínima da planta (148,19 cm) foi registada pelo tratamento T_7 , *ou seja,* 100% da dose recomendada de fertilizante através da aplicação no solo (Controlo).

Durante a fase de rebentação, os dados revelaram que, significativamente, a altura máxima da planta (212,63 cm) foi registada pelo tratamento T_6 *i.e.,* 100 por cento da dose recomendada de fertilizante através de fertirrigação. No entanto, foi igual ao tratamento T_5 , *ou seja, 90% da dose recomendada de fertilizante por* fertirrigação (207 cm), e ao tratamento T_4 , *ou seja,* 80% da dose recomendada de fertilizante por fertirrigação (203 cm). A altura mínima da planta (180,36 cm) foi registada pelo tratamento T_7 , *ou seja,* 100 por cento da dose recomendada de fertilizante através da aplicação no solo (Controlo).

A altura da planta é um parâmetro morfológico significativo associado ao crescimento e desenvolvimento da cultura. O crescimento envolve tanto o crescimento como o desenvolvimento celular. O crescimento e desenvolvimento celular é um método que consiste na divisão, aumento e diferenciação celulares (Wareing e Phillips, 1970). A altura da planta é um parâmetro essencial, que decide o crescimento reprodutivo da planta.

Resultados semelhantes também foram relatados por Srinivas *et.al.* (2001), Ahmed *et.al.* (2011), Mahendran *et.al.* (2013), Pawar e Dingre (2013), Sanjit *et al.* (2014), Pralhad (2014) e Gonge *et.al.* (2015).

Tabela 3.1. Efeito de diferentes níveis de fertirrigação na altura da planta (cm) de banana Cv. Grand Naine em diferentes meses após o plantio.

Tr. No.	Detalhes do tratamento	Altura da planta			
		3 meses após a plantação	5 meses após a plantação	7 Meses após a plantação	Na fase de filmagem
T_1	50 por cento da dose recomendada de fertilizante através de fertirrigação	80.45	123.47.	155.15	183.32
T_2	60 por cento da dose recomendada de fertilizante através de fertirrigação	84.30	125.88	158.04	184.50
T_3	70 por cento da dose recomendada de fertilizante através de fertirrigação	86.39	128.04	161.14	185.50
T_4	80 por cento da dose recomendada de fertilizante através de fertirrigação	92.68	132.78	165.27	203.00
T_5	90 por cento da dose recomendada de fertilizante através de fertirrigação	95.78	135.44	170.25	207.00
T_6	100 por cento da dose recomendada de fertilizante através de fertirrigação	102.20	140.15	172.04	212.63
T_7	100 por cento da dose recomendada de fertilizante através da aplicação no solo (controlo)	75.77	119.00	148.19	180.36
	S.E. m±	3.67	4.11	3.95	4.34
	CD a 5%	11.33	12.68	12.18	13.38

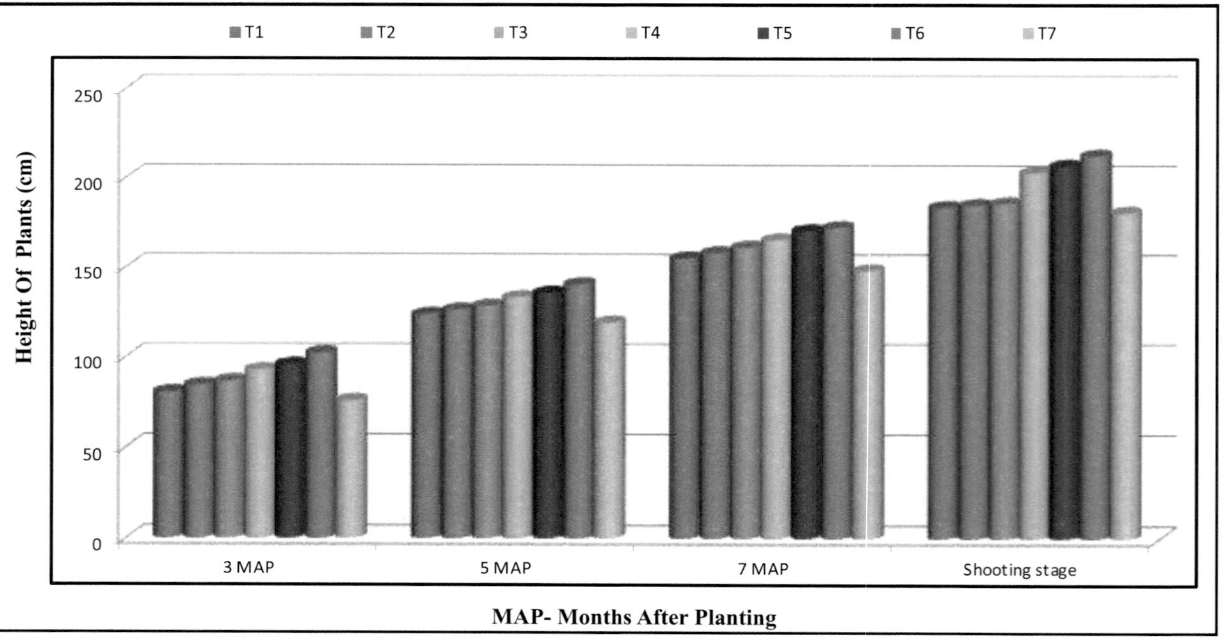

Fig.3.1. Efeito de diferentes níveis de fertirrigação na altura da planta (cm) de banana Cv. Grand Naine em diferentes meses após o plantio.

3.1.2 Perímetro do caule (cm)

Os dados relativos à circunferência do caule, influenciados pelos diferentes tratamentos, registaram uma diferença significativa entre todos os tratamentos. Os dados durante a investigação são apresentados no Quadro 3.2 e ilustrados na Fig. 3.2, respetivamente.

Durante a investigação, os dados revelaram que, aos 3 meses após a plantação, 5 meses após a plantação, 7 meses após a plantação e na fase de rebentação, o perímetro do caule era significativo. A circunferência da planta em todos os tratamentos aumentou linearmente com o avanço da idade a partir dos 3 meses após a plantação até à fase de rebentação. Inicialmente, em todos os tratamentos, o aumento foi mais proeminente até à fase de rebentação. Foi observada uma diferença significativa em todos os tratamentos durante as fases de 3 meses após a plantação até à fase de rebentação.

Depois de 3 meses após o plantio, os dados revelaram que o tratamento T_6 , ou seja, 100% da dose recomendada de fertilizante através de fertirrigação, registrou a circunferência máxima do caule (32,16 cm). No entanto, foi encontrado a par com o tratamento T_5 *, ou seja, 90% da dose recomendada* de fertilizante através de fertirrigação (29,86 cm), e o tratamento T_4 *, ou seja,* 80% da dose recomendada de fertilizante através de fertirrigação (28,13 cm). A circunferência mínima do caule foi registada pelo tratamento T_7 *, ou seja, 100% da dose recomendada* de fertilizante através da aplicação no solo (Controlo) (23,56 cm).

Aos 5 meses após o plantio, as observações mostraram as variações significativas entre os tratamentos. A circunferência máxima significativa do caule (51,7 cm) foi registada pelo tratamento T_6 , ou seja, 100 por cento da dose recomendada de fertilizante através da fertirrigação. No entanto, foi igual ao tratamento T_5 , ou seja, 90% da dose recomendada de fertilizante através da fertirrigação (47,40 cm). A circunferência mínima do caule (39,86 cm) foi registada pelo tratamento T_7 *, ou seja,* 100 por cento da dose recomendada de fertilizante através da aplicação no solo (Controlo).

Aos 7 meses após o plantio, a circunferência máxima do caule (64,44 cm) foi registada pelo tratamento T_6*, ou seja,* 100% da dose recomendada de fertilizante através de fertirrigação. No entanto, foi significativamente superior a todos os tratamentos, que foi encontrado a par com o tratamento T_5 , ou seja, 90% da dose recomendada de fertilizante através de fertirrigação (61,48 cm), e T_4 *, ou seja,* 80% da dose recomendada de fertilizante através de fertirrigação (58,52 cm). A circunferência mínima do caule

(53,56 cm) foi registada pelo tratamento T_7 , *ou seja,* 100 por cento da dose recomendada de fertilizante através da aplicação no solo (Controlo).

Durante a fase de rebentação, foi registado um perímetro de caule significativamente máximo (75,05 cm) pelo tratamento T_6 , ou seja, 100% da dose recomendada de fertilizante através de fertirrigação. No entanto, foi significativamente superior a todos os tratamentos, que foi encontrado a par com o tratamento T_5 , *ou seja,* 90 por cento da dose recomendada de fertilizante através de fertirrigação, (74,37 cm) e tratamento T_4 , *ou seja,* 80 por cento da dose recomendada de fertilizante através de fertirrigação (74,13 cm). A circunferência mínima do caule (66,76 cm) foi registada pelo tratamento T_7 , *ou seja, 100% da dose recomendada* de fertilizante através da aplicação no solo (Controlo).

A circunferência do caule consiste em bainhas de folhas compactadas que crescem diretamente do topo do cormo e suportam o caule aéreo que transporta a inflorescência. O objetivo do caule aéreo foi descrito por (Stover e Simmonds, 1987) como sendo puramente um tecido conectivo para dar ligação vascular entre as folhas e as raízes, por um lado, e os frutos, por outro. O aumento da circunferência do caule é um fator desejável no que diz respeito à bananeira, que tem uma relação estreita com o rendimento, a ancoragem e a produção de mais raízes, em comparação com a altura da planta, que, para além de um certo limite, está associada a mais influências negativas, como a suscetibilidade ao vento e a necessidade de um custo de escoramento elevado (Vanilarasu, 2017). É um fenómeno comum que a circunferência do caule aumente gradualmente com a idade da árvore quando cultivada em condições óptimas.

Resultados semelhantes foram também comunicados por Reddy *et al.* (2002), que referiram que o aumento da circunferência do caule pode dever-se, em grande medida, ao fornecimento regular de doses óptimas de azoto e potássio. Gonge *et al.,* (2015) referiram que o aumento da circunferência do caule se deve à dose mais elevada de azoto, que é responsável pela formação das células e acelerou a síntese de clorofila e aminoácidos, que estão associados ao principal processo de fotossíntese das plantas; provoca um aumento da formação de tecidos meristemáticos.

Tabela 3.2. Efeito de diferentes níveis de fertirrigação na circunferência do caule (cm) da bananeira Cv. Grand Naine em diferentes meses após o plantio.

Tr. No.	Detalhes do tratamento	Perímetro da haste			
		3 meses após a plantação	5 meses após a plantação	7 Meses após a plantação	Na fase de filmagem
T_1	50 por cento da dose recomendada de fertilizante através de fertirrigação	26.06	40.76	54.56	63.52
T_2	60 por cento da dose recomendada de fertilizante através de fertirrigação	26.46	42.66	55.26	63.92
T_3	70 por cento da dose recomendada de fertilizante através de fertirrigação	27.26	43.66	56.09	64.54
T_4	80 por cento da dose recomendada de fertilizante através de fertirrigação	28.13	46.20	58.52	67.79
T_5	90 por cento da dose recomendada de fertilizante através de fertirrigação	29.86	47.40	61.48	68.77
T_6	100% da dose recomendada de fertilizante através de fertirrigação	32.16	51.70	64.44	70.77
T_7	100 por cento da dose recomendada de fertilizante através da aplicação no solo (controlo)	23.56	39.86	53.56	61.51
	S.E. m±	1.34	1.73	2.19	1.89
	CD a 5%	4.13	5.35	6.75	5.84

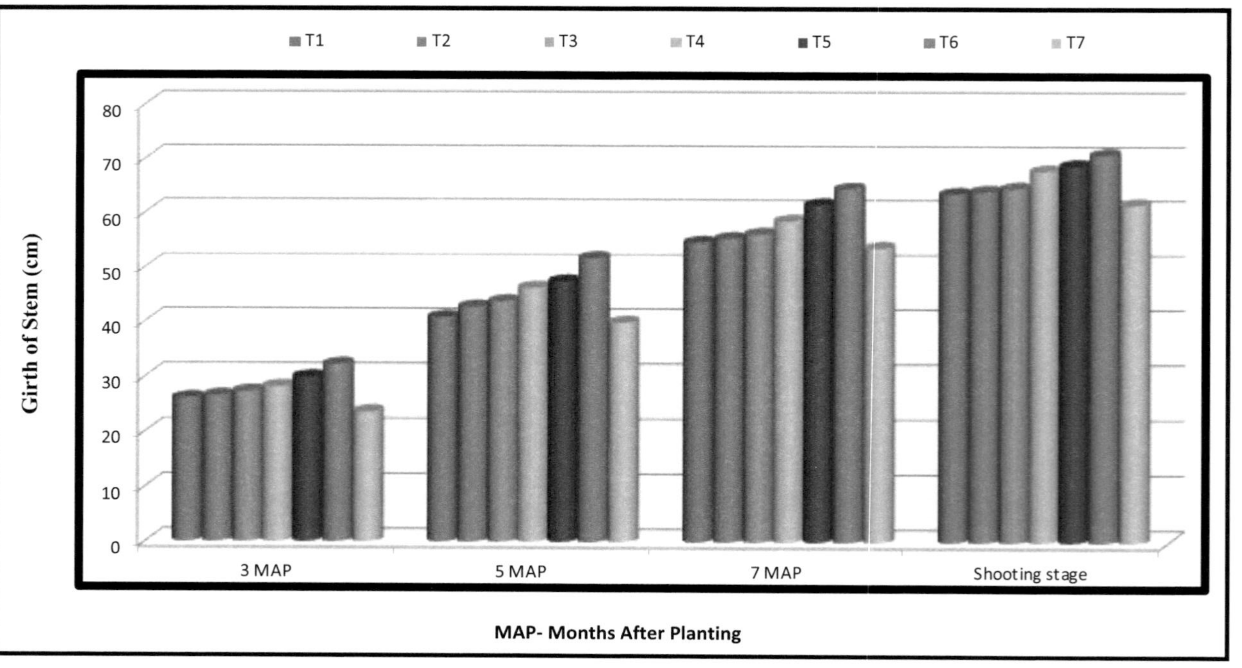

Fig.3.2. Efeito de diferentes níveis de fertirrigação na circunferência do caule (cm) da bananeira Cv. Grand Naine em diferentes meses após o plantio.

3.1.3 Número de folhas por planta

Os dados relativos ao número de folhas por planta, influenciados por diferentes tratamentos, são apresentados na Tabela 3.3 e ilustrados na Fig. 3.3. O efeito dos diferentes níveis de fertirrigação no número de folhas por planta foi significativo aos 3 meses após o plantio, 5 meses após o plantio, 7 meses após o plantio e no estágio de brotação. O número de folhas em todos os tratamentos aumentou linearmente com o avanço da idade, de 3 meses após o plantio até o estágio de brotação. Foi observada uma diferença significativa em todos os tratamentos durante a fase de 3 meses após a plantação até à fase de rebentação.

Aos 3 meses após o plantio, os dados revelaram que o número máximo de folhas por planta (13,60) foi registado pelo tratamento T_6 , ou seja, 100 por cento da dose recomendada de fertilizante através de fertirrigação. No entanto, foi significativamente superior aos restantes tratamentos, que foram encontrados a par com o tratamento T_5, *ou seja,* 90 por cento da dose recomendada de fertilizante através de fertirrigação (13,16), e T_4 , ou seja, 80 por cento da dose recomendada de fertilizante através de fertirrigação (13,06). O número mínimo de folhas por planta (10,30) foi registado pelo tratamento T_7 , *ou seja,* 100% da dose recomendada de fertilizante através da aplicação no solo (Controlo).

Aos 5 meses após o plantio, os dados revelaram que, as variações significativas foram encontradas entre todos os tratamentos. O número máximo de folhas por planta (15,66) foi registado pelo tratamento T_6 i.e ., 100 por cento da dose recomendada de fertilizante através de fertirrigação. No entanto, foi igual ao tratamento T_5, *ou seja, 90%* da dose recomendada de fertilizante por meio de fertirrigação (14,60), tratamento T_4, *ou seja,* 80% da dose recomendada de fertilizante por meio de fertirrigação (14,56), tratamento T_3, *ou seja,* 70% da dose recomendada de fertilizante por meio de fertirrigação (14,23) e tratamento T_2, *ou seja,* 60% da dose recomendada de fertilizante por meio de fertirrigação (14). O número mínimo de folhas por planta (12,20) foi registado pelo tratamento T_7 , *ou seja,* 100% da dose recomendada de fertilizante através da aplicação no solo (Controlo).

Aos 7 meses após o plantio, o número máximo de folhas por planta (17,18) foi registado pelo tratamento T_6 , ou seja, 100% da dose recomendada de fertilizante através da fertirrigação. No entanto, foi encontrado a par com o tratamento T_5, *ou seja, 90%* da dose recomendada de fertilizante através da fertirrigação (15,60). O número mínimo de folhas por planta (13,96) foi registado pelo tratamento T_7 *, ou seja, 100% da dose recomendada* de fertilizante através da aplicação no solo (Controlo).

Tabela 3.3. Efeito de diferentes níveis de fertirrigação no número de folhas por planta da bananeira Cv. Grand Naine em diferentes meses após o plantio.

Tr. No.	Detalhes do tratamento	Número de folhas por planta			
		3 meses após a plantação	5 meses após a plantação	7 Meses após a plantação	Na fase de filmagem
T_1	50 por cento da dose recomendada de fertilizante através de fertirrigação	11.06	13.06	14.60	15.00
T_2	60 por cento da dose recomendada de fertilizante através de fertirrigação	11.66	14.00	15.00	15.35
T_3	70 por cento da dose recomendada de fertilizante através de fertirrigação	11.76	14.23	15.03	15.97
T_4	80 por cento da dose recomendada de fertilizante através de fertirrigação	13.06	14.56	15.43	16.36
T_5	90 por cento da dose recomendada de fertilizante através de fertirrigação	13.16	14.60	15.60	16.50
T_6	100% da dose recomendada de fertilizante através de fertirrigação	13.60	15.66	17.18	16.91
T_7	100 por cento da dose recomendada de fertilizante através da aplicação no solo (controlo)	10.30	12.20	13.96	14.40
	S.E. m±	0.49	0.61	0.55	0.48
	CD a 5%	1.53	1.90	1.70	1.48

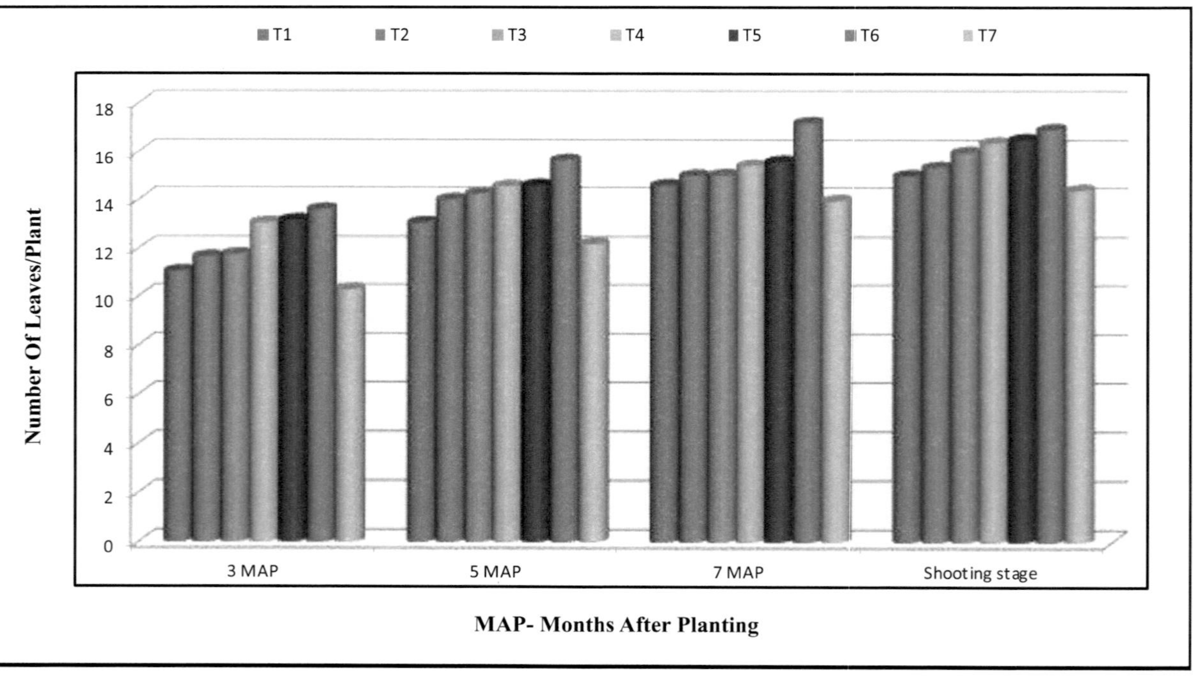

Fig.3.3. Efeito de diferentes níveis de fertirrigação no número de folhas por planta da bananeira Cv. Grand Naine em diferentes meses após o plantio

Durante a fase de rebentação, os dados revelaram que, significativamente, o número máximo de folhas por planta (16,91) foi registado pelo tratamento T_6 *i.e.,* 100 por cento da dose recomendada de fertilizante através de fertirrigação. No entanto, foi encontrado a par com o tratamento T_5 , *ou seja,* 90 por cento da dose recomendada de fertilizante através de fertirrigação (16,50), tratamentos T_4 , *ou seja,* 80 por cento da dose recomendada de fertilizante através de fertirrigação (16,36), e tratamentos T_3 , *ou seja,* 70 por cento da dose recomendada de fertilizante através de fertirrigação (15,97). O número mínimo de folhas por planta (14,40) foi registado pelo tratamento T_7 , *ou seja,* 100% da dose recomendada de fertilizante através da aplicação no solo (Controlo).

A cultura da bananeira deve produzir um número adequado de folhas para aproveitar a energia luminosa e sintetizar fotossintatos suficientes para a produção de biomassa. A função do número de folhas retidas na rebentação é vital para determinar o potencial de rendimento. A produção de folhas na bananeira está associada ao aumento da taxa de crescimento da planta (Sathyanarayana, 1985). Para além disso, o número de folhas em qualquer fase de crescimento é muito importante na bananeira, uma vez que tem uma relação estreita com a eficiência fotossintética que se reflecte na produção de biomassa. Existe uma relação direta entre o número de folhas e o rendimento e a qualidade dos frutos, uma vez que as folhas funcionam como uma fonte para os frutos em desenvolvimento (Badgujar *et al.,* 2010 e Vanilarasu, 2017).

O aumento do número de folhas é devido à aplicação de fertilizantes através da fertirrigação, o que resultou no aumento do crescimento da planta devido ao aumento da disponibilidade de nutrientes, particularmente de azoto, uma vez que este tem um papel muito importante no aparecimento de folhas.

Resultados semelhantes foram também registados por Mahalakshmi (2000), Srinivas *et.al.* (2001), Kavino (2001), Mane, (2014) e Gonge *et.al.* (2015).

3.1.4 Área foliar (m)^2

Os dados relativos à área foliar influenciada por vários tratamentos foram registados aos 3 meses após a plantação, 5 meses após a plantação, 7 meses após a plantação e na fase de rebentação e são apresentados no Quadro 3.4 e ilustrados na Fig. 3.4.

Aos 3 meses após o plantio, a área foliar significativamente máxima (8,10 m^2) foi registada pelo tratamento T_6 *i.e.,* 100% da dose recomendada de fertilizante através de fertirrigação. No entanto, foi encontrado a par com o tratamento T_5 , *ou seja,* 90% da dose recomendada de fertilizante através de fertirrigação (8,00 m^2), tratamentos T_4 , *ou seja,* 80% da dose recomendada de fertilizante através de fertirrigação (7,80 m^2), tratamentos T_3, *ou seja,* 70% da dose recomendada de fertilizante através de fertirrigação (7,24 m^2), tratamentos T_2, *ou seja,* 60% da dose recomendada de fertilizante através de fertirrigação (7,18 m^2). A área foliar mínima (6,69 m^2) T_7 *i.e.*, 100 por cento da dose recomendada de fertilizante através da aplicação no solo (Controlo).

Aos 5 meses após o plantio, a área foliar significativamente máxima (11,63 m^2) foi registada pelo tratamento T_6 , ou seja, 100% da dose recomendada de fertilizante através de fertirrigação. No entanto, foi encontrado significativamente a par com o tratamento T_5 *i.e.*, 90 por cento da dose recomendada de fertilizante através de fertirrigação (11.52 m^2), e tratamentos T_4 *i.e.*, 80 por cento da dose recomendada de fertilizante através de fertirrigação (11.16 m^2). A área foliar mínima (9,12 m^2) foi registada pelo tratamento T_7 , *ou seja,* 100% da dose recomendada de fertilizante através da aplicação no solo (Controlo).

Aos 7 meses após o plantio, a área foliar significativamente máxima (14.00 m^2) foi registada pelo tratamento T_6 *i.e.*, 100 por cento da dose recomendada de fertilizante através de fertirrigação. No entanto, foi significativamente superior ao resto dos tratamentos, que foi encontrado a par com o tratamento T_5 *ou seja,* 90% da dose recomendada de fertilizante através da fertirrigação (13,68m^2), tratamento T_4 *ou seja,* 80 por cento da dose recomendada de fertilizante através de fertirrigação (13.64 m^2), tratamento T_3 i.e., 70 por cento da dose recomendada de fertilizante através de fertirrigação (13.30 m^2), e tratamentos T_2 *i.e.*, 60 por cento da dose recomendada de fertilizante através de fertirrigação (13.27 m^2). A área foliar mínima (11,93 m^2) foi registada pelo tratamento T_7 *i.e.*, 100 por cento da dose recomendada de fertilizante através da aplicação no solo (Controlo).

Na fase de rebentação, a área foliar significativamente máxima (15,95 m^2) foi registada pelo tratamento T_6 *i.e.*, 100 por cento da dose recomendada de fertilizante através de fertirrigação e foi considerado significativamente superior aos restantes tratamentos. No entanto, foi encontrado a par com o tratamento T_5 i.e., 90 por cento da dose recomendada de fertilizante através da fertirrigação (15.91 m^2), tratamento T_4 *i.e.*, 80 por cento da dose recomendada de fertilizante através da fertirrigação (15.60 m^2), tratamento T_3 *i.e.*, 70 por cento da dose recomendada de fertilizante através da fertirrigação (14.95 m^2), e tratamentos T_2 *i.e.*, 60 por cento da dose recomendada de fertilizante através da fertirrigação (14.91m^2). A área foliar mínima (12,75 m^2) foi registada pelo tratamento T_7 *i.e.*, 100 por cento da dose recomendada de fertilizante através da aplicação no solo (Controlo).

A área foliar é a principal medida da fotossíntese, facilita uma melhor produção de biomassa das culturas através da utilização eficaz da energia luminosa e da fixação de CO2 (Shibles e Webber, 1996). A área foliar efectiva disponível para a atividade fotossintética afecta positivamente o crescimento e o desenvolvimento dos frutos e aumenta o rendimento total (Apshara, 1997; Kumar e Nalina, 2001).

O aumento da área foliar é devido ao aumento da eficiência do uso de nutrientes, minimizando as perdas por lixiviação, juntamente com a aplicação dividida de fertilizantes N e K através de gotejamento sobre uma aplicação única de fertilizantes como aplicação no solo.

Houve um fornecimento contínuo de nutrientes nos tratamentos de fertirrigação, uma vez que os fertilizantes foram aplicados em doses divididas durante todo o período de crescimento das plantas, o que pode ter ajudado a satisfazer as necessidades de nutrientes durante o período crítico de crescimento, conforme relatado por (Kachwaya, 2015). O efeito do azoto no aumento da área foliar está bem estabelecido e os níveis mais elevados têm geralmente uma relação positiva com o crescimento.

Resultados semelhantes foram registados por Srinivas *et.al.* (2001) e Mane (2014).

Tabela 3.4. Efeito de diferentes níveis de fertirrigação na área foliar (m^2) da bananeira Cv. Grand Naine em diferentes meses após o plantio.

Tr. No.	Detalhes do tratamento	Área foliar $(m)^2$			
		3 meses após a plantação	5 meses após a plantação	7 Meses após a plantação	Na fase de filmagem
T_1	50 por cento da dose recomendada de fertilizante através de fertirrigação	6.76	10.00	12.55	13.33
T_2	60 por cento da dose recomendada de fertilizante através de fertirrigação	7.18	10.30	13.27	14.91
T_3	70 por cento da dose recomendada de fertilizante através de fertirrigação	7.24	10.81	13.50	14.95
T_4	80 por cento da dose recomendada de fertilizante através de fertirrigação	7.80	11.16	13.64	15.60
T_5	90 por cento da dose recomendada de fertilizante através de fertirrigação	8.00	11.52	13.68	15.91
T_6	100% da dose recomendada de fertilizante através de fertirrigação	8.10	11.63	14.00	15.95
T_7	100 por cento da dose recomendada de fertilizante através da aplicação no solo (controlo)	6.69	9.12	11.93	12.75
	S.E. m±	0.33	0.18	0.46	0.46
	CD a 5%	1.01	0.57	1.43	1.44

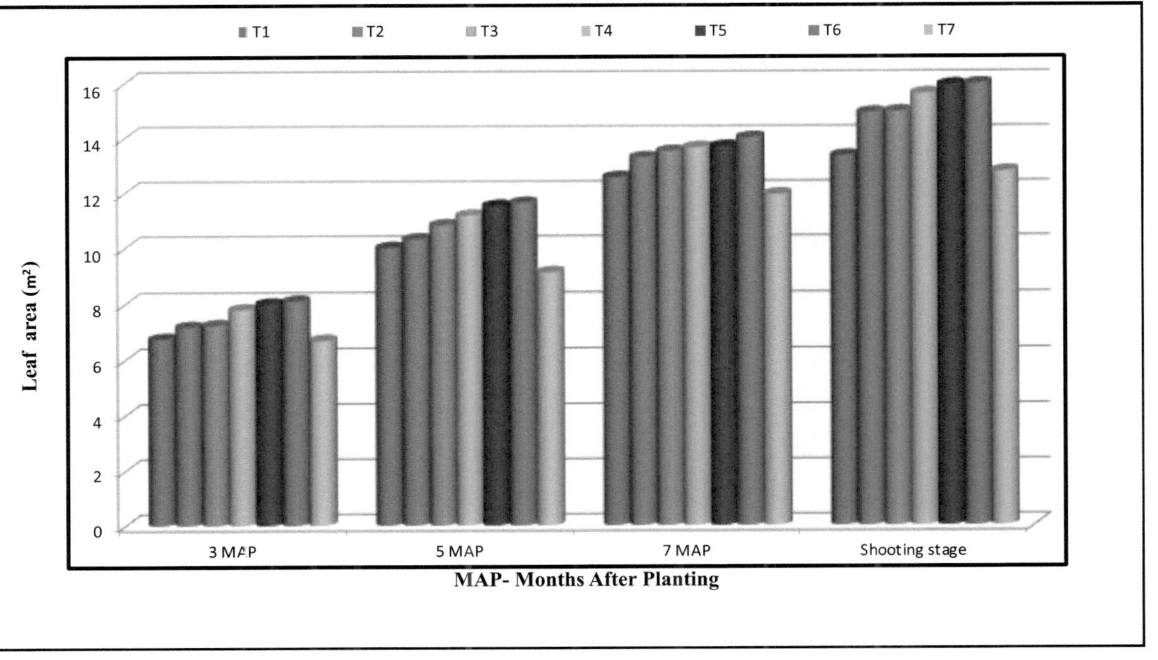

Fig.3.4. Efeito de diferentes níveis de fertirrigação na área foliar (m^2) da bananeira Cv. Grand Naine em diferentes meses após o plantio.

3.2 Duração da cultura (dias)

Os dados relativos à duração da cultura, *ou seja,* os dias necessários para a floração após a plantação, a colheita e a duração total da cultura, influenciados pelos diferentes tratamentos, registaram uma diferença significativa entre todos os tratamentos apresentados no Quadro 3.5, respetivamente, e ilustrados na Fig. 3.5.

Os dados revelaram que os dias necessários para a floração após o plantio foram significativamente influenciados por vários tratamentos. O mínimo significativo de dias necessários para a floração (220,60 dias) foi registado pelo tratamento T_6 , ou seja, 100% da dose recomendada de fertilizante através da fertirrigação. No entanto, foi encontrado estatisticamente a par com o tratamento T_5 , ou seja, 90% da dose recomendada de fertilizante através de fertirrigação (221,50 dias), tratamento T_4 , ou seja, 100% da dose recomendada de fertilizante através de fertirrigação (221,85 dias), tratamento T_3 *, ou seja,* 70 por cento da dose recomendada de fertilizante através de fertirrigação (222,30 dias), tratamento T_2 i.e., 60 por cento da dose recomendada de fertilizante através de fertirrigação (222,50 dias), e tratamento T_1 *i.e.,* 50 por cento da dose recomendada de fertilizante através de fertirrigação (223,50 dias) todos os tratamentos são significativamente superiores ao controlo. O máximo de dias (234,50 dias) registado pelo tratamento T_7 *, ou seja,* 100 por cento da dose recomendada de fertilizante através da aplicação no solo (Controlo) .

Os dados relativos aos dias até à colheita, influenciados pelos diferentes tratamentos, foram registados após a floração. O tratamento T_6 , ou seja, 100 por cento da dose recomendada de fertilizante através de fertirrigação, registou dias significativamente mínimos (115,60 dias). No entanto, foi estatisticamente igual ao tratamento T_5 , ou seja, 90% da dose recomendada de fertilizante através da fertirrigação (116,50 dias), tratamento T_4 , ou seja, 80% da dose recomendada de fertilizante através da fertirrigação (116,85 dias), tratamento T_3 *, ou seja,* 70 por cento da dose recomendada de fertilizante através de fertirrigação (117,30 dias), tratamento T_2 ou seja, 60 por cento da dose recomendada de fertilizante através de fertirrigação (117,50 dias), e tratamento T_1 ou seja, 50 por cento da dose recomendada de fertilizante através de fertirrigação (118,00 dias). No entanto, o máximo de dias necessários para a colheita após a floração (124,00 dias) foi registado pelo tratamento T_7 *, ou seja,* 100% da dose recomendada de fertilizante através da aplicação no solo (Controlo).

Os dados relativos à duração total da cultura influenciada pelos diferentes tratamentos registaram uma diferença significativa entre todos os tratamentos. Verificou-se que, significativamente, o número mínimo de dias (336,20 dias) para a duração total da cultura foi registado pelo tratamento T_6 , *ou seja,* 100% da dose recomendada de fertilizante através da fertirrigação. No entanto, foi estatisticamente igual ao tratamento T_5 , ou seja, 90 por cento da dose recomendada de fertilizante através da fertirrigação (338,00 dias), tratamento T_4 , ou seja, 80 por cento da dose recomendada de fertilizante através da fertirrigação (338,70 dias), tratamento T_3 , *ou seja,* 70 por cento da dose recomendada de fertilizante através da fertirrigação (339,60 dias), tratamento T_2 ou seja, 60 por cento da dose recomendada de fertilizante através da fertirrigação (340,00 dias), e tratamento T_1 *ou seja,* 50 por cento da dose recomendada de fertilizante através da fertirrigação (341,50 dias). Verificou-se que o tratamento T_7 , *ou seja,* 100 por cento da dose recomendada de fertilizante através da aplicação no solo (Controlo), registou o número máximo de dias para a duração total da cultura (358,50 dias).

A floração e a frutificação são os estágios mais essenciais que ocorrem após o estabelecimento de uma cultura (Davenport e Nunez-Elisea, 1990) e a aplicação de nutrientes na dose adequada e no tempo apropriado irá acelerar o desenvolvimento reprodutivo e melhorar o rendimento da cultura e a qualidade do produto. (Aruna *et al.*, 2007) também relatou que a floração precoce foi alcançada por fertirrigação por gotejamento com fertilizantes solúveis em água em intervalos regulares. A disponibilidade de nutrientes a um nível suficiente para as raízes em estágios adequados teria melhorado a síntese de hormônios como citocininas e melhor absorção de potássio pelo tratamento de fertirrigação também teria ajudado o transporte de citocininas e metabólitos para o sumidouro desenvolvido, ou seja, botões florais. Isto pode ser devido à disponibilidade regular dos nutrientes, que resulta na conclusão precoce do crescimento vegetativo, induzindo a floração precoce, consequentemente o desenvolvimento do cacho e a rápida produção de folhas, que poderiam ter fornecido mais fotossintatos e aumentado o estímulo à floração. Na bananeira, observou-se uma redução significativa do número de dıas necessários para a floração e do número mínimo de dias necessários para a colheita com os níveis mais elevados de fertirrigação.

Resultados semelhantes foram também obtidos por Kavino (2001), Mahalakshmi *et.al.* (2001), Srinivas *et al*, (2001), Ashok kumar *et al.*, (2009), Kumar *et.al.*, (2012), Pawar e Dingre(2013), Mane, (2014), Pralhad (2014) e Gonge *et.al.*, (2015).

Tabela 3.5. Efeito de diferentes níveis de fertirrigação na duração da cultura da banana Cv. Grand Naine.

Tr. No.	Detalhes do tratamento	Dias necessários para a floração após a plantação	Dias necessários para a colheita após a floração	Duração total da cultura
T_1	50 por cento da dose recomendada de fertilizante através de fertirrigação	223.50	118.00	341.50
T_2	60 por cento da dose recomendada de fertilizante através de fertirrigação	222.50	117.50	340.00
T_3	70 por cento da dose recomendada de fertilizante através de fertirrigação	222.30	117.30	339.60
T_4	80 por cento da dose recomendada de fertilizante através de fertirrigação	221.85	116.85	338.70
T_5	90 por cento da dose recomendada de fertilizante através de fertirrigação	221.50	116.50	338.00
T_6	100% da dose recomendada de fertilizante através de fertirrigação	220.60	115.60	336.20
T_7	100 por cento da dose recomendada de fertilizante através da aplicação no solo (controlo)	234.50	124.00	358.50
	S.E. m±	2.71	1.56	2.49
	CD a 5%	8.35	4.82	7.67

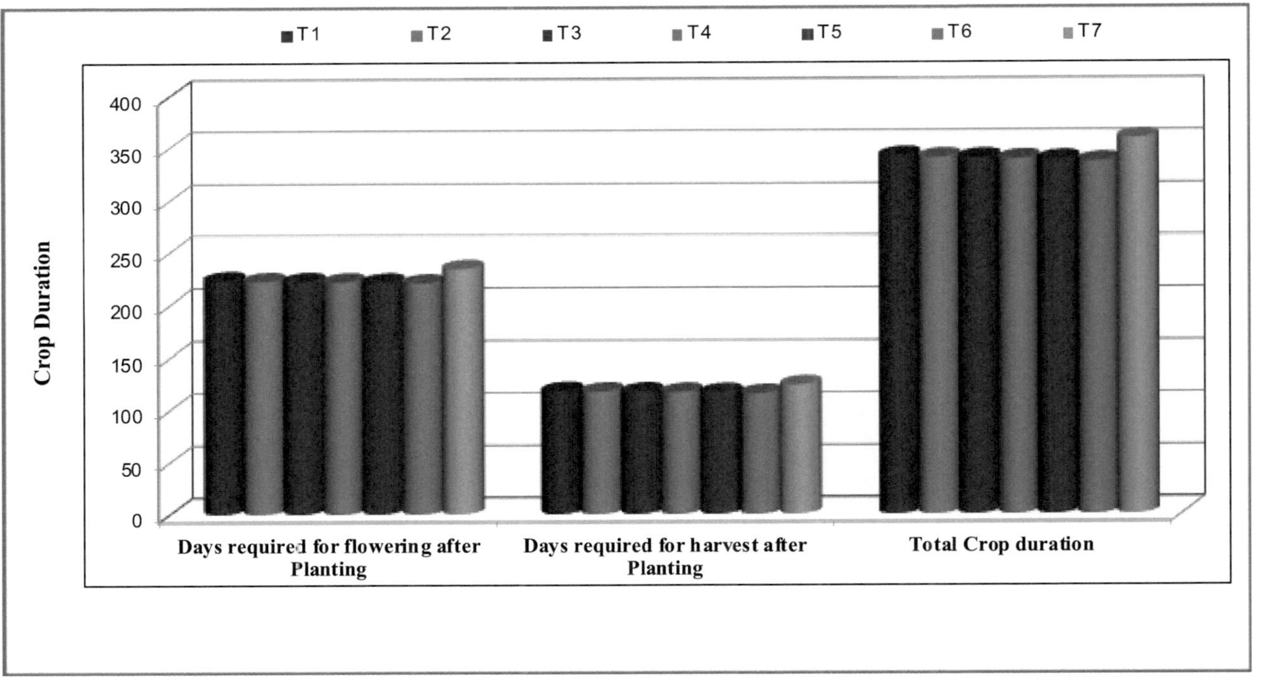

Fig.3.5. Efeito de diferentes níveis de fertirrigação na duração da cultura da banana Cv. Grand Naine.

3.3 Atributos do lote

Os dados relativos aos atributos do cacho, *nomeadamente o* número de mãos por cacho, o número de dedos por mão e o número de dedos por cacho, foram registados durante a investigação e apresentados no Quadro 3.6 e ilustrados na Fig. 3.6

3.3.1 Número de mãos por cacho

Durante a experiência, a resposta à aplicação de vários tratamentos relativamente ao número de mãos por cacho foi altamente significativa.

Os dados relativos ao número de mãos por cacho, afectados por vários tratamentos, indicaram claramente que o número máximo de mãos por cacho (10,20) foi registado pelo tratamento T_6 , *ou seja,* 100% da dose recomendada de fertilizante através da fertirrigação. No entanto, foi encontrado estatisticamente a par com o tratamento T_5 , ou seja, 90 por cento da dose recomendada de fertilizante através de fertirrigação (9,80), tratamento T_4 , ou seja, 80 por cento da dose recomendada de fertilizante através de fertirrigação (9,50), e tratamento T_3 , *ou seja,* 70 por cento da dose recomendada de fertilizante através de fertirrigação (9,10). O número mínimo de mãos por cacho (8,20) foi registado pelo tratamento T_7 , *ou seja,* 100% da dose recomendada de fertilizante através da aplicação no solo (Controlo).

(Saad e Atawia, 1999) revelaram que o número mais elevado de mãos por cacho foi obtido com a aplicação do nível mais elevado de N. O aumento do fertilizante K na planta provocou um aumento considerável do número de mãos por cacho.

Resultados semelhantes foram também obtidos por Mahalakshmi *et.al.* (2001), Srinivas *et al*, (2001), Ahmed *et.al*, (2011), Kumar *et.al,* (2012), Pawar e Dingre (2013), Patel e Tandel (2013) e Mane, (2014).

3.3.2 Número de dedos por mão

Os dados relativos ao número excessivo de dedos por mão, influenciados pelos diferentes tratamentos, revelaram uma diferença altamente significativa entre os tratamentos durante a investigação.

Significativamente, o número máximo de dedos por mão (17,20) foi observado no tratamento T_6 , ou seja, 100% da dose recomendada de fertilizante por fertirrigação. No entanto, foi significativamente igual ao tratamento T_5 , ou seja, 90 por cento da dose recomendada de fertilizante através da fertirrigação (16,20), e tratamento T_4 , *ou seja,* 80 por cento da dose recomendada de fertilizante através da fertirrigação (15,21). O número mínimo de dedos por mão (13,00) foi registado pelo tratamento T_7 , *ou seja, 100% da dose recomendada* de fertilizante através da aplicação no solo (Controlo).

(Srinivas *et al*, 2001) revelou que, devido à aplicação de níveis mais elevados de fertirrigação, o número de dedos por mão aumenta. Isso pode ser devido ao efeito de níveis ótimos de nutrientes no tecido foliar, especialmente nitrogênio e potássio, disponíveis no estágio adequado das fases de iniciação e diferenciação da flor da planta, favorecendo o desenvolvimento de um número maior de dedos por mão.

Resultados semelhantes foram também obtidos por Mahalakshmi *et.al.* (2001), Srinivas *et al*, (2001), Pawar e Dingre (2013), e Mane, (2014).

3.3.3 Número total de dedos por cacho

Os dados indicam claramente que o número máximo de dedos por cacho (148,10) foi registado pelo tratamento T_6 , ou seja, 100% da dose recomendada de fertilizante através de fertirrigação. No entanto, foi estatisticamente igual ao tratamento T_5 , ou seja, 90 por cento da dose recomendada de fertilizante através da fertirrigação (146,10), e tratamento T_4 *, ou seja,* 80 por cento da dose recomendada de fertilizante através da fertirrigação (142,40). O número mínimo de dedos por cacho (133,30) foi registado pelo tratamento T_7 *, ou seja, 100% da dose recomendada* de fertilizante através da aplicação no solo (Controlo).

O peso do cacho é o objetivo mais importante do número de dedos por cacho e do peso dos dedos (Krishna e Shanmugavelu, 1983 e Ortiz, 1997). Qualquer fator que estimule uma maior produção de dedos e favoreça um melhor desenvolvimento dos dedos conduz a um melhor peso do cacho. Na bananeira, a diferenciação floral requer uma área foliar funcional mínima. Uma maior assimilação fotossintética favorecida por um melhor estado nutricional, uma melhor diferenciação, que conduz a um maior número de dedos e a um melhor fluxo de assimilados para os dedos em desenvolvimento, pode ser atribuída ao melhor peso do cacho registado nos tratamentos que receberam 100% da dose recomendada de fertilizante através da fertirrigação.

Os resultados são semelhantes às conclusões de Suganthi, (2002), e Pawar e Dingre (2013), que referiram que a aplicação de doses mais elevadas de nutrientes resultou num maior número de dedos por cacho devido ao efeito dos nutrientes, especialmente N & K, fornecidos numa fase de crescimento adequada da cultura, ou *seja, nas* fases vegetativa, de iniciação dos botões florais e de diferenciação, favorecendo o desenvolvimento de um maior número de dedos por cacho.

Tr. No.	Detalhes do tratamento	Número de mãos por cacho	Número de dedos por mão	Número total de dedos por cacho
T_1	50 por cento da dose recomendada de fertilizante através de fertirrigação	8.50	13.33	134.00
T_2	60 por cento da dose recomendada de fertilizante através de fertirrigação	8.60	13.67	134.50
T_3	70 por cento da dose recomendada de fertilizante através de fertirrigação	9.10	14.73	137.60
T_4	80 por cento da dose recomendada de fertilizante através de fertirrigação	9.50	15.21	142.40
T_5	90 por cento da dose recomendada de fertilizante através de fertirrigação	9.80	16.20	146.10
T_6	100% da dose recomendada de fertilizante através de fertirrigação	10.20	17.20	148.10
T_7	100 por cento da dose recomendada de fertilizante através da aplicação no solo (controlo)	8.20	13.00	133.30
	S.E. m±	0.35	0.69	3.28
	CD a 5%	1.10	2.15	10.12

Tabela 3.6. Efeito de diferentes níveis de fertirrigação nos atributos do cacho da banana Cv. Grand Naine.

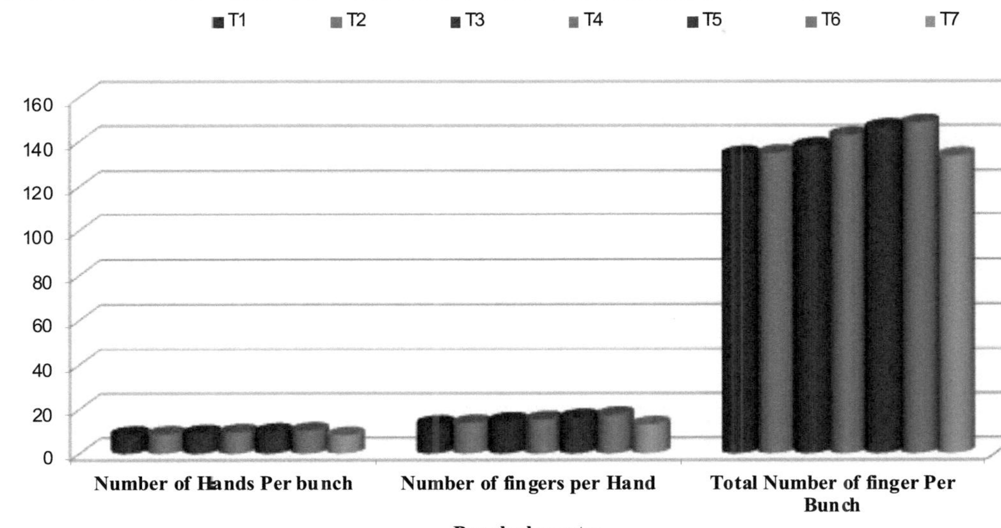

Fig.3.6. Efeito de diferentes níveis de fertirrigação nos atributos do cacho da banana Cv. Grand Naine.

3.4 Atributos dos dedos

O efeito dos diferentes tratamentos nos atributos dos dedos foi registado e é apresentado no Quadro 3.7 e ilustrado na Fig.3.7.

3.4.1 Comprimento do dedo (cm)

Os dados indicaram claramente que o tratamento T_6 , ou seja, 100% da dose recomendada de fertilizante através de fertirrigação, registou um comprimento de dedo significativamente máximo (22,85 cm). No entanto, foi encontrado estatisticamente a par com o tratamento T_5 , ou seja, 90 por cento da dose recomendada de fertilizante através da fertirrigação (22,60 cm), tratamento T_4 , ou seja, 80 por cento da dose recomendada de fertilizante através da fertirrigação (22,10 cm), tratamento T_3 , ou seja, 70 por cento da dose recomendada de fertilizante através da fertirrigação (21,50 cm), e tratamento T_2 *, ou seja,* 60 por cento da dose recomendada de fertilizante através da fertirrigação (21,15 cm). O comprimento mínimo do dedo (19,15 cm) foi registado no tratamento T_7 *, ou seja,* 100% da dose recomendada de fertilizante através da aplicação no solo (Controlo).

O fornecimento suficiente de nutrientes como 100 por cento da dose recomendada de fertilizante através de fertirrigação (T_6) no presente estudo poderia ter aumentado o comprimento do dedo do que outros tratamentos. A fertirrigação favoreceu o crescimento e o desenvolvimento de cachos com melhor enchimento de frutos, resultando num aumento do comprimento do dedo na banana (Mahalakshmi *et.al,* 2001).

Resultados semelhantes foram também obtidos por Kumar *et.al,* (2012), Pawar e Dingre (2013), Mane, (2014), e Pramanik Patra (2015).

3.4.2 Perímetro do dedo (cm)

Os dados revelaram que, significativamente, a circunferência máxima do dedo (14,60 cm) foi registada pelo tratamento T_6 *, ou seja,* 100% da dose recomendada de fertilizante através da fertirrigação. No entanto, foi encontrado estatisticamente a par com o tratamento T_5 , ou seja, 90% da dose recomendada de fertilizante através da fertirrigação (14,30 cm), e o tratamento T_4 *, ou seja,* 80% da dose recomendada de fertilizante através da fertirrigação (13,85 cm). Enquanto a circunferência mínima do dedo (12,85 cm) foi registada pelo tratamento T_7 *, ou seja,* 100% da dose recomendada de fertilizante através da aplicação no solo (Controlo).

A circunferência do dedo foi significativamente melhorada pela aplicação da dose percentual recomendada de fertilizante através da fertirrigação. Esse aumento na circunferência do dedo pode ser atribuído ao aumento da taxa de fotossíntese, o que pode ter levado a uma melhor partição de assimilados. Muitas características do fruto, como o tamanho das células, os canais laticíferos, os espaços intercelulares, *etc.*, em diferentes tecidos do fruto, contribuem para o aumento do comprimento, do diâmetro e do volume do fruto (Singh, 2005).

Resultados semelhantes foram também obtidos por Kumar *et.al,* (2012), Pawar e Dingre (2013), Mane (2014), e Pramanik Patra (2015).

3.4.3 Peso do dedo

A resposta dos vários tratamentos em relação ao peso do dedo foi altamente significativa. Os dados indicam claramente que, significativamente, o peso máximo do dedo (154,60 g) foi registado pelo tratamento T_6 *, ou seja,* 100% da dose recomendada de fertilizante através da fertirrigação. No entanto, foi estatisticamente igual e significativamente superior ao tratamento T_5 , ou seja, 90% da dose recomendada de fertilizante através da fertirrigação (152,26 g), tratamento T_4 , ou seja, 80% da dose recomendada de fertilizante através da fertirrigação (150,92), tratamento T_3 *, ou seja,* 70 por cento da dose recomendada de fertilizante através de fertirrigação (148.86), tratamento T_2 *i.e.,* 60 por cento da dose recomendada de fertilizante através de fertirrigação (146.59), e T_1 *i.e.,* 50 por cento da dose recomendada de fertilizante através de fertirrigação (145.81). O peso mínimo do dedo (129,25 g) foi registado pelo tratamento T_7 *, ou seja,* 100% da dose recomendada de fertilizante através da aplicação no solo (Controlo).

O peso máximo dos dedos foi registado pelo tratamento T_6 *, ou seja,* 100% da dose recomendada de fertilizante através da fertirrigação, o que pode ser devido ao máximo de nutrientes aplicados, levando a um aumento do crescimento e do vigor relacionado com a fotossíntese e, finalmente, a translocação de assimilados para os frutos. Tal postulação ganha apoio da descoberta de vários trabalhadores como (Mane, 2014) em banana. No presente estudo, o aumento do peso dos dedos deveu-se ao aumento do comprimento e da circunferência dos dedos.

Resultados semelhantes foram também obtidos por Pawar e Dingre (2013) e Pramanik Patra (2015).

Tabela 3.7. Efeito de diferentes níveis de fertirrigação nos atributos de dedo da banana Cv. Grand Naine

Tr. No.	Detalhes do tratamento	Comprimento do dedo (cm)	Perímetro do dedo (cm)	Peso do dedo (g)
T_1	50 por cento da dose recomendada de fertilizante através de fertirrigação	20.55	13.45	145.81
T_2	60 por cento da dose recomendada de fertilizante através de fertirrigação	21.15	13.50	146.59
T_3	70 por cento da dose recomendada de fertilizante através de fertirrigação	21.50	13.55	148.86
T_4	80 por cento da dose recomendada de fertilizante através de fertirrigação	22.10	13.85	150.92
T_5	90 por cento da dose recomendada de fertilizante através de fertirrigação	22.60	14.30	152.26
T_6	100 por cento da dose recomendada de fertilizante através de fertirrigação	22.85	14.60	154.60
T_7	100 por cento da dose recomendada de fertilizante através da aplicação no solo (controlo)	19.15	12.85	129.25
	S.E. m±	0.64	0.25	4.83
	CD a 5%	1.97	0.78	14.89

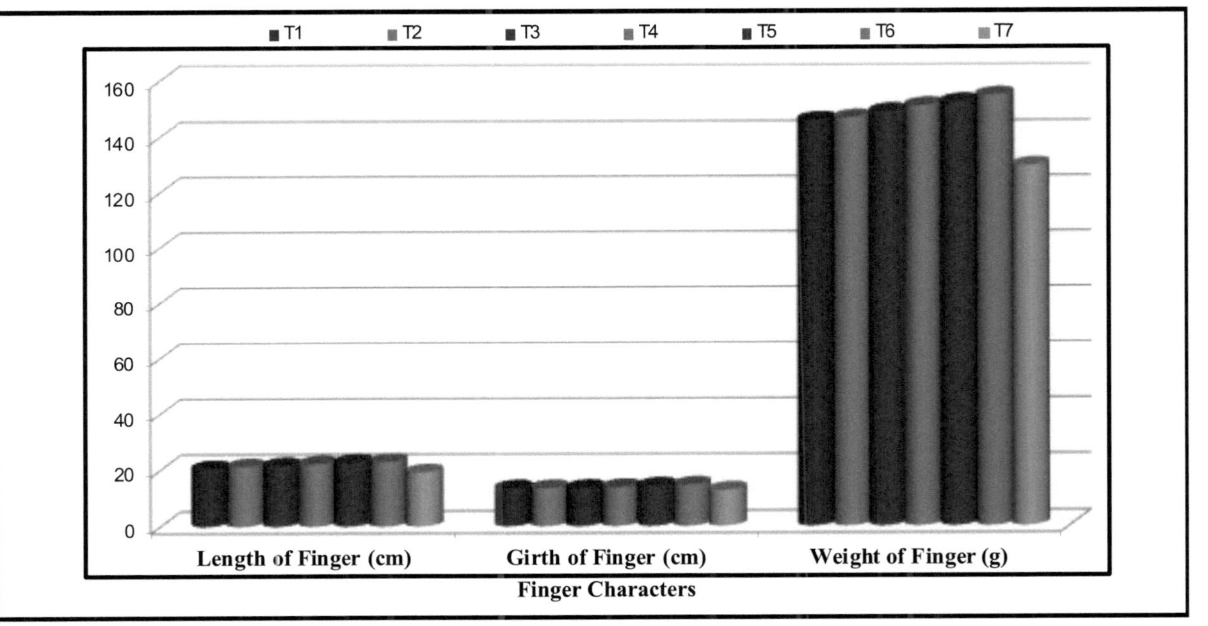

Fig. 3.7: Efeito de diferentes níveis de fertirrigação nos atributos dos dedos da banana Cv. Grand Naine.

3.5 Atributos de rendimento

Os dados relativos aos atributos de rendimento, *nomeadamente* o peso do cacho e o rendimento por hectare, são apresentados no Quadro 3.8 e ilustrados na Fig. 3.8. Os dados indicam diferenças significativas registadas entre os diferentes tratamentos no que diz respeito aos parâmetros de rendimento.

3.5.1 Peso do cacho (kg)

Os dados relativos ao peso do cacho indicaram que o peso do cacho variou significativamente devido aos diferentes tratamentos. O tratamento T_6 , ou seja, 100 por cento da dose recomendada de fertilizante através de fertirrigação, registou um peso de cacho significativamente mais elevado (22,54 kg) do que os restantes tratamentos. No entanto, foi encontrado significativamente a par com o tratamento T_5 , ou seja, 90% da dose recomendada de fertilizante através da fertirrigação (22,49 kg), T_4 , ou seja, 80% da dose recomendada de fertilizante através da fertirrigação (22,35 kg), tratamento T_3 *, ou seja,* 70 por cento da dose recomendada de fertilizante através de fertirrigação (22,17 kg), tratamento T_2 ou seja, 60 por cento da dose recomendada de fertilizante através de fertirrigação (21,25 kg), e T_1 *ou seja,* 50 por cento da dose recomendada de fertilizante através de fertirrigação (21,22). Enquanto que o peso mínimo significativo do cacho (18,00 kg) foi registado pelo tratamento T_7 *, ou seja,* 100% da dose recomendada de fertilizante através da aplicação no solo (Controlo).

O peso mais elevado do cacho foi observado com níveis mais elevados de N e K por (Oubahou *et al.* 1987.) Também referiram que o peso máximo do cacho foi registado nas plantas tratadas com níveis mais elevados de N por planta, o que pode dever-se a uma maior absorção de N e K pelas plantas. Na bananeira 'Dwarf Cavendish', o rendimento máximo foi alcançado com a aplicação de doses mais elevadas de N e K. Isto pode dever-se a uma maior eficiência fotossintética e a uma translocação eficiente de foto assimilados para o cacho em desenvolvimento, o que acaba por se refletir no peso do cacho, no rendimento e nas características que o atribuem. Como em qualquer outra planta, as folhas da bananeira são as principais unidades funcionais da fotossíntese. Para uma produção normal, uma cultura de bananeira necessita de um número suficiente de folhas na fase vegetativa. O número de folhas funcionais retidas na rebentação é considerado como um fator determinante essencial do rendimento (Turner e Barkus, 1980). Nessa situação, a manutenção da produção de folhas depende novamente da disponibilidade de nutrientes. Os resultados do presente estudo também revelaram uma influência positiva entre o número de folhas e o peso do cacho da cultura, que é o máximo no tratamento T_6 , ou seja, 100% da dose recomendada de fertilizante através de fertirrigação. Os resultados do presente estudo indicaram que o aumento do número de folhas e da atividade fotossintética resulta numa maior acumulação de hidratos de carbono nas folhas. Uma quantidade relativamente maior de hidratos de carbono poderia ter promovido a taxa de crescimento e, por sua vez, aumentado o peso do cacho. Resultados semelhantes foram também obtidos por Reddy *et.al.* (2002), Suganthi (2002), Pawar e Dingre (2013), e Senthilkumar *et.al,* (2016).

3.5.2 Rendimento por hectare (Mt/ha)

Houve uma diferença significativa entre os tratamentos no que diz respeito ao rendimento por hectare. O rendimento máximo significativo por hectare (100,20 Mt por ha) foi registado pelo tratamento T_6 , ou seja, 100% da dose recomendada de fertilizante através da fertirrigação. No entanto, foi encontrado estatisticamente a par com o tratamento T_5 *i.e.,* 90 por cento da dose recomendada de fertilizante através de fertirrigação (99.96 Mt por ha), T_4 *i.e.,* 80 por cento da dose recomendada de fertilizante através de fertirrigação (99.35 Mt por ha), tratamento T_3 *i.e.,* 70 por cento da dose recomendada de fertilizante através de fertirrigação (98.56 Mt por ha), tratamento T_2 i.e., 60 por cento da dose recomendada de fertilizante através de fertirrigação (94.43 Mt por ha), e T_1 *i.e.,* 50 por cento da dose recomendada de fertilizante através de fertirrigação (94.30 Mt por ha). Todos estes tratamentos são significativamente superiores ao controlo. Verificou-se que o rendimento mínimo (80,00 Mt por ha) foi registado pelo tratamento T_7 *i.e.,* 100 por cento da dose recomendada de fertilizante através da aplicação no solo (Controlo).

Muitas atividades fisiológicas, como o aumento da absorção de água e nutrientes, taxa fotossintética, crescimento vigoroso e translocação eficiente e partição de assimilados para o sumidouro reprodutivo podem ter influenciado diretamente o rendimento da banana (Hazarika e Ansari 2010). Isto pode ser devido ao efeito da aplicação direta de fertilizantes no momento certo através do sistema de irrigação por gotejamento para a área onde a maioria das raízes alimentadoras se desenvolvem, resultando em um aumento da produtividade. A irrigação por gotejamento sempre mantém a umidade do solo e a água disponível para a planta continuamente; isso ajudou a melhorar a produtividade dos frutos. A menor produtividade da banana registada sob níveis mais baixos de fertirrigação pode ser devido ao crescimento lento da planta, pequeno tamanho da folha, atraso na emergência da flor, menor número de mãos e dedos por cacho (Hazarika e Mohan, 1991).

O rendimento da experiência foi inferior ao rendimento médio porque houve falta de água e temperaturas muito elevadas na fase de desenvolvimento dos frutos.

Resultados semelhantes foram também obtidos por Deolankar e Firake (2001), Srinivas (2001), Tumbare e Bhoite (2001), Bhalerao *et.al,* (2010), Bhattacharyya (2010), Patel e Tandel (2013), Pawar e Dingre (2013), e Naidu *et.al,* (2015).

T_6 : - 100% FTR por fertirrigação T_7 : - 100% FTR por aplicação no solo (controlo)

PLACA 3.1. DESEMPENHO COMPARATIVO DOS TRATAMENTOS SUPERIORES

Tabela 3.8. Efeito de diferentes níveis de fertirrigação nos atributos de rendimento da banana Cv. Grand Naine

Tr. No.	Detalhes do tratamento	Peso do cacho (kg)	Rendimento por hectare (Mt/ha)
T_1	50 por cento da dose recomendada de fertilizante através de fertirrigação	21.22	94.30
T_2	60 por cento da dose recomendada de fertilizante através de fertirrigação	21.25	94.43
T_3	70 por cento da dose recomendada de fertilizante através de fertirrigação	22.17	98.56
T_4	80 por cento da dose recomendada de fertilizante através de fertirrigação	22.35	99.35
T_5	90 por cento da dose recomendada de fertilizante através de fertirrigação	22.49	99.96
T_6	100% da dose recomendada de fertilizante através de fertirrigação	22.54	100.20
T_7	100 por cento da dose recomendada de fertilizante através da aplicação no solo (controlo)	18.35	80.00
	S.E. m±	0.55	2.54
	CD a 5%	1.71	7.83

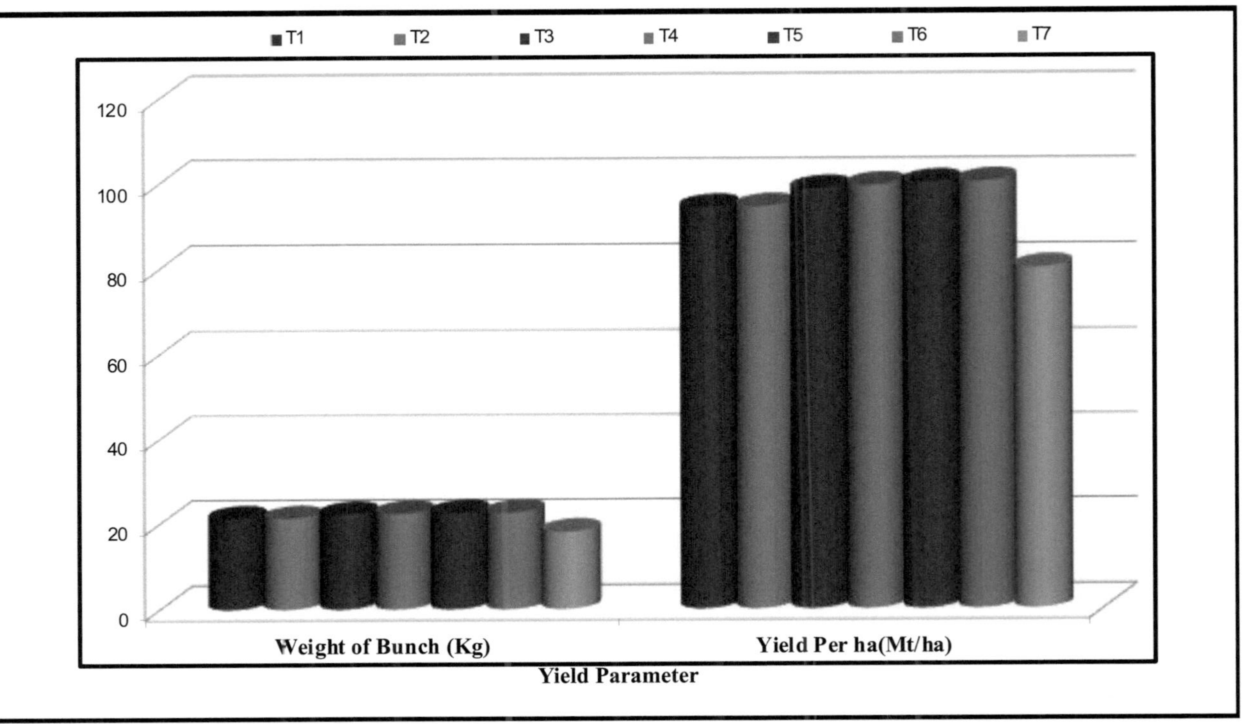

Fig.3.8. Efeito de diferentes níveis de fertirrigação nos atributos de rendimento da banana Cv. Grand Naine.

3.6 Atributos de qualidade

Atributos de qualidade, *nomeadamente* peso da polpa, peso da casca, relação polpa/casca, acidez, sólidos solúveis totais, açúcar redutor, açúcar não redutor e açúcar total, influenciados por diferentes tratamentos. Os dados relevantes são apresentados nos quadros 9 e 10 e ilustrados nas figuras 9 e 10.

3.6.1 Peso da pasta (g)

Os dados indicaram claramente que, significativamente, o peso máximo da polpa (108,50 g) foi registado pelo tratamento T_6 , ou seja, 100% da dose recomendada de fertilizante através da fertirrigação. No entanto, foi estatisticamente igual e superior ao tratamento T_5 *i.e.,* 90 por cento da dose recomendada de fertilizante através da fertirrigação (106.68 g), T_4 *i.e.,* 80 por cento da dose recomendada de fertilizante através da fertirrigação (105.57 g), tratamento T_3 *i.e.,* 70 por cento da dose recomendada de fertilizante através de fertirrigação (103,89 g), tratamento T_2 ou seja, 60 por cento da dose recomendada de fertilizante através de fertirrigação (102,24 g), e T_1 *ou seja,* 50 por cento da dose recomendada de fertilizante através de fertirrigação (101,58 g). O peso mínimo da polpa (89,77 g) foi registado pelo tratamento T_7 , *ou seja,* 100% da dose recomendada de fertilizante através da aplicação no solo (Controlo).

O peso da polpa do fruto apresentou diferenças significativas entre os diferentes tratamentos, sendo que o tratamento T_6 , *ou seja,* 100% da dose recomendada de fertilizante através da fertirrigação, registou o peso máximo da polpa. O aumento do peso da polpa pode ser devido ao fornecimento adequado e à translocação de nutrientes ao longo da fase de desenvolvimento do fruto, o que pode ter contribuído para um melhor peso da polpa.

Resultados semelhantes foram também obtidos por Kumar *et.al,* (2012), Pawar e Dingre (2013), e Pramanik Patra (2015).

3.6.2 Peso da casca (g)

Os dados indicam claramente que o peso máximo da casca (46,10 g) foi registado pelo tratamento T_6 , ou seja, 100% da dose recomendada de fertilizante através da fertirrigação. No entanto, foi estatisticamente igual e superior ao tratamento T_5 , ou seja, 90 por cento da dose recomendada de fertilizante através da fertirrigação (45,58 g), T_4 , ou seja, 80 por cento da dose recomendada de fertilizante através da fertirrigação (45,35 g), tratamento T_3 , *ou seja,* 70 por cento da dose recomendada de fertilizante através da fertirrigação (44,97 g), tratamento T_2 ou seja, 60 por cento da dose recomendada de fertilizante através da fertirrigação (44,35 g), e T_1 *ou seja,* 50 por cento da dose recomendada de fertilizante através da fertirrigação (44,23 g). O peso mínimo da casca (39,48 g) foi registado pelo tratamento T_7 , *ou seja, 100% da dose recomendada* de fertilizante através da aplicação no solo (Controlo).

O peso mais elevado da casca com uma dose mais elevada de fertirrigação pode dever-se ao aumento do crescimento vegetativo, à acumulação de metabolitos, a um melhor ambiente nutricional na zona radicular e a uma maior disponibilidade de nutrientes, em comparação com outros tratamentos, e uma maior frequência de irrigação aumentou o peso da casca (Natesh, 1993).

Resultado semelhante foi também obtido por Kumar *et.al,* (2012)

3.6.3 Rácio polpa/casca

O tratamento T_6 , ou seja, 100 por cento da dose recomendada de fertilizante através de fertirrigação (2,35), tem uma relação polpa/casca significativamente máxima. A relação polpa/casca mínima (2,27) foi registada pelo tratamento T_7 , *ou seja, 100% da dose recomendada* de fertilizante através da aplicação no solo (Controlo). Não se registou uma diferença notável entre os diferentes tratamentos para este atributo. Por conseguinte, os tratamentos não foram estatisticamente significativos nesta fase.

3.6.4 Acidez

Os dados relativos à acidez influenciada por diferentes tratamentos mostraram uma diferença altamente significativa entre os tratamentos. Os dados indicaram claramente que a acidez máxima (0,163 por cento) foi registada pelo T_6 , *ou seja,* 100 por cento da dose recomendada de fertilizante através de fertirrigação. No entanto, foi estatisticamente igual e superior ao tratamento T_5 , ou seja, 90% da dose recomendada de fertilizante através da fertirrigação (0,162%), ao tratamento T_4 , ou seja, 80% da dose recomendada de fertilizante através da fertirrigação (0,161%), ao tratamento T_3 , ou seja, 70% da dose recomendada de fertilizante através da fertirrigação (0,160%), e ao tratamento T_2 , *ou seja,* 60% da dose recomendada de fertilizante através da fertirrigação (0,158%). A acidez mínima (0,155 por cento) foi registada pelo tratamento T_7 , *ou seja,* 100 por cento da dose recomendada de fertilizante através da aplicação no solo (Controlo).

A acidez mais elevada foi obtida com a aplicação de doses mais elevadas de N e K por planta (Pandit *et al.,* 1992). Os resultados estão de acordo com as conclusões de Raskar (2003) sobre a banana, que referiu que o aumento da disponibilidade de N e K através da fertirrigação pode dever-se ao envolvimento do K na síntese de hidratos de carbono, na decomposição e translocação do amido, na síntese de proteínas e na neutralização de ácidos orgânicos fisiologicamente importantes (Twyford, 1967).

3.6.5 Sólidos solúveis totais (°Brix)

O máximo significativo de sólidos solúveis totais (23.02^0 Brix) foi registado pelo tratamento T_6 *i.e.,* 100 por cento da dose recomendada de fertilizante através de fertirrigação.

Tabela 3.9. Efeito de diferentes níveis de fertirrigação nos atributos de qualidade da banana Cv. Grand Naine

Tr. No.	Detalhes do tratamento	Peso da pasta (g)	Peso da casca (g)	Rácio polpa/casca	Acidez (%)
T_1	50 por cento da dose recomendada de fertilizante através de fertirrigação	101.58	44.23	2.29	0.156
T_2	60 por cento da dose recomendada de fertilizante através de fertirrigação	102.24	44.35	2.30	0.158
T_3	70 por cento da dose recomendada de fertilizante através de fertirrigação	103.89	44.97	2.31	0.160
T_4	80 por cento da dose recomendada de fertilizante através de fertirrigação	105.57	45.35	2.32	0.161
T_5	90 por cento da dose recomendada de fertilizante através de fertirrigação	106.68	45.58	2.34	0.162
T_6	100% da dose recomendada de fertilizante através de fertirrigação	108.50	46.10	2.35	0.163
T_7	100 por cento da dose recomendada de fertilizante através da aplicação no solo (controlo)	89.77	39.48	2.27	0.155
	S.E. m±	3.02	1.13	0.11	0.0016
	CD a 5%	9.32	3.50	NS	0.0050

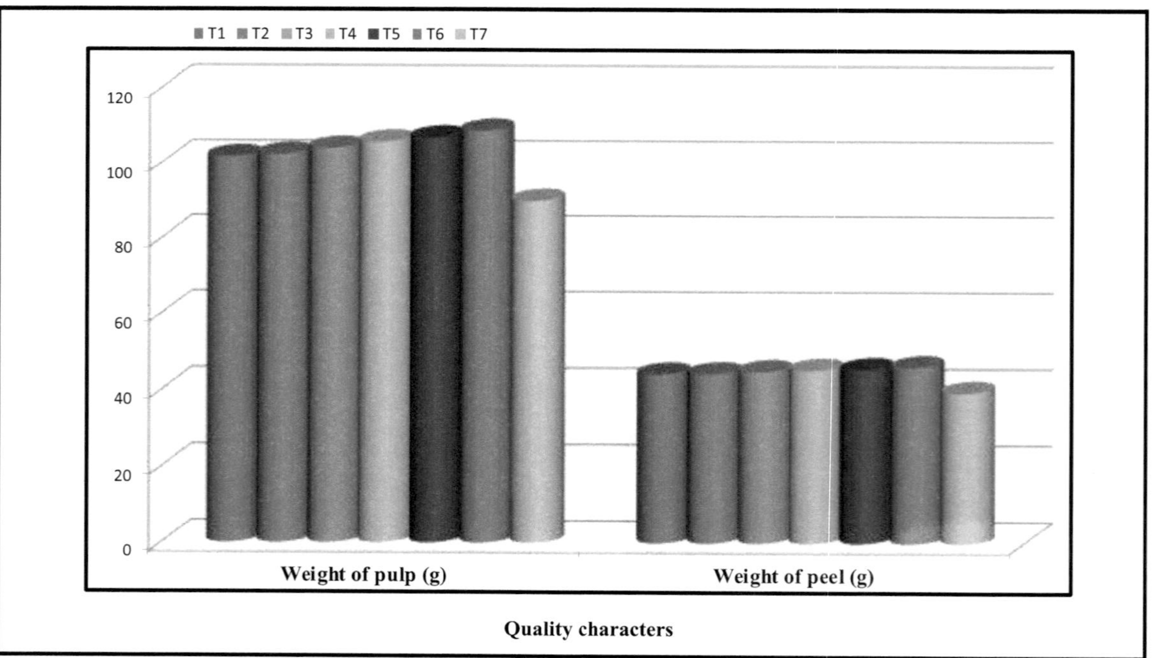

Fig. 3.9(a): Efeito de diferentes níveis de fertirrigação nos atributos de qualidade da banana Cv. Grand Naine.

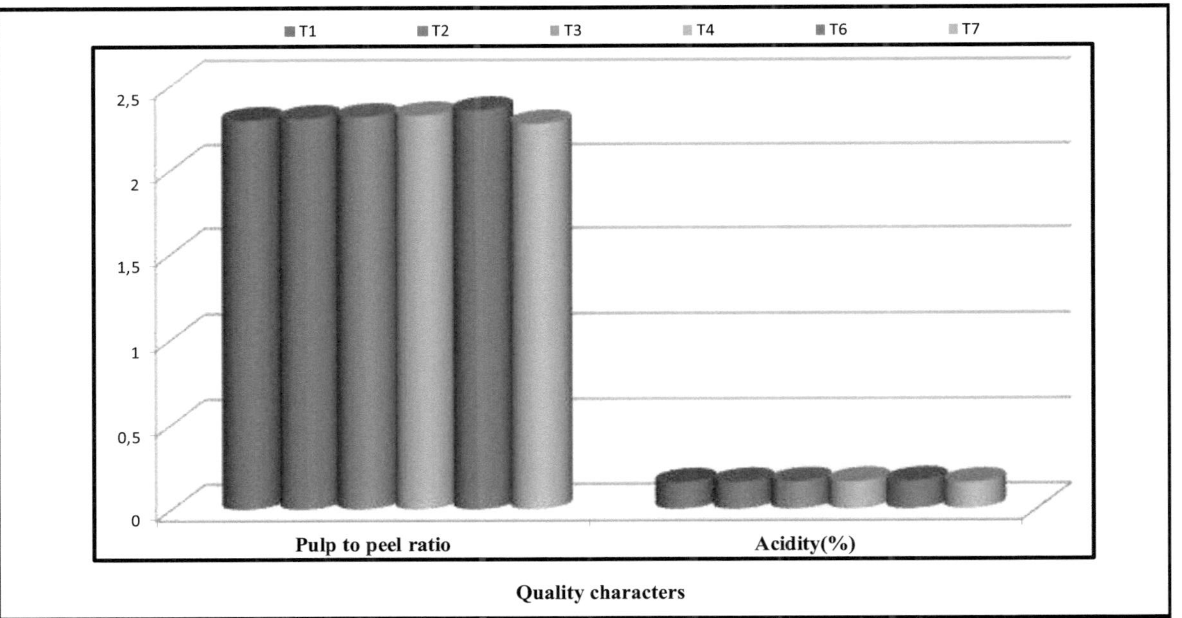

Fig. 3.9(b): Efeito de diferentes níveis de fertirrigação nos atributos de qualidade da banana Cv. Grand Naine.

No entanto, foi estatisticamente igual ao tratamento T_5 , ou seja, 90% da dose recomendada de fertilizante através de fertirrigação ($22,70^0$ Brix), e ao tratamento T_4 , *ou seja,* 80% da dose recomendada de fertilizante através de fertirrigação ($22,44^0$ Brix). Um mínimo significativo de sólidos solúveis totais (20,86°Brix) foi registado pelo tratamento T_7 , *ou seja,* 100% da dose recomendada de fertilizante através da aplicação no solo (Controlo).

O aumento do teor de sólidos solúveis totais pode dever-se à procura de respiração e ao fornecimento adequado de nutrientes, à síntese de enzimas invertase e de divisão do amido (Ram e Prasad, 1988). Isto pode dever-se ao aumento do nível de potássio e à menor competição por nutrientes, o que leva a uma maior translocação de hidratos de carbono das folhas para os frutos, favorecendo a conversão de açúcares em amido quando os fotossintatos chegam aos frutos.

Resultados semelhantes foram registados por Reddy *et.al,* (2002), Pawar e Dingre (2013) e Senthilkumar *et.al,* (2016).

3.6.6 Açúcar redutor (%)

Os dados relativos ao açúcar redutor diferem significativamente devido aos diferentes tratamentos durante a análise. Os dados mostram claramente que houve um aumento significativo do açúcar redutor da banana devido aos vários tratamentos.

O açúcar redutor diferiu significativamente entre os diferentes tratamentos. A partir dos dados, observou-se que o tratamento T_6 , ou seja, 100% da dose recomendada de fertilizante através da fertirrigação, registou o máximo de açúcar (12,70%). No entanto, foi encontrado significativamente a par com o tratamento T_5 , ou seja, 90% da dose recomendada de fertilizante através da fertirrigação (12,10%). No entanto, a redução mínima de açúcar (9,32%) foi registada pelo tratamento T_7 , *ou seja,* 100% da dose recomendada de fertilizante através da aplicação no solo (Controlo).

Entre os diferentes tratamentos, o tratamento T_6 , ou seja, 100 por cento da dose recomendada de fertilizante através da fertirrigação, registou o máximo de açúcar redutor. Isto pode dever-se à acumulação de açúcar e outros componentes solúveis da hidrólise da proteína e à oxidação do ácido ascórbico devido a uma maior acumulação de fotossintatos devido a um maior teor de N e K através da fertirrigação (Mahalakshmi, 2000). Kavino (2001) relatou que o teor de açúcar aumenta quando os nutrientes são aplicados por fertirrigação na bananeira.

Resultado semelhante foi também obtido por Pramanik Patra (2015).

3.6.7 Açúcar não redutor (%)

Os dados relativos ao açúcar não redutor foram influenciados pelos diferentes tratamentos durante a análise.

Os dados revelaram que, significativamente, o máximo de açúcar não redutor (7,20%) foi registado pelo tratamento T_6 , ou seja, 100% da dose recomendada de fertilizante através da fertirrigação. No entanto, foi igual ao tratamento T_5 , ou seja, 90% da dose recomendada de fertilizante através da fertirrigação (6,70%). No entanto, o mínimo de açúcar não redutor (3,79%) foi registado pelo tratamento T_7 *, ou seja, 100% da dose recomendada* de fertilizante através da aplicação no solo (Controlo).

O tratamento T_6 , ou seja, 100 por cento da dose recomendada de fertilizante através da fertirrigação, registou o máximo de açúcar não redutor. Isto pode ser devido à acumulação de açúcar e outros componentes solúveis da hidrólise da proteína e à oxidação do ácido ascórbico devido a uma maior acumulação de fotossintatos devido a um maior teor de N e K através da fertirrigação (Mahalakshmi, 2000). Kavino (2001) relatou que o teor de açúcar aumenta quando os nutrientes são aplicados por fertirrigação na bananeira.

Resultado semelhante foi também obtido por Pramanik Patra (2015).

3.6.8 Açúcar total (%)

Os dados relativos ao açúcar total diferem significativamente devido aos diferentes tratamentos durante a análise. Os dados mostram claramente que houve um aumento significativo do açúcar total da banana devido aos vários tratamentos.

O açúcar total diferiu significativamente em relação aos diferentes tratamentos impostos. Os dados mostraram que o tratamento T_6 , ou seja, 100% da dose recomendada de fertilizante através da fertirrigação, registou significativamente o máximo de açúcares totais (19,90%). No entanto, foi encontrado estatisticamente a par com o tratamento T_5 , ou seja, 90 por cento da dose recomendada de fertilizante através de fertirrigação (19,03 por cento). Verificou-se que o mínimo de açúcar total (12,27%) foi registado pelo tratamento T_7 *, ou seja,* 100% da dose recomendada de fertilizante através da aplicação no solo (Controlo).

O maior teor de açúcar total foi obtido com a aplicação de doses mais elevadas de N e K por planta (Pandit *et al.,* 1992). O aumento do teor de açúcar dos frutos pode ter sido devido ao processo de fotossíntese, que, em última análise, levou à acumulação de uma grande quantidade de hidratos de carbono e aumentou o teor de açúcar dos frutos (Singh *et al.,* 1990, Singh *et al.*, 2004).

Resultado semelhante foi também obtido por Pramanik e Patra (2015).

Tabela 3.10. Efeito de diferentes níveis de fertirrigação nos atributos de qualidade da banana Cv. Grand Naine

Tr. No.	Detalhes do tratamento	SST (°Brix)	Açúcar redutor (%)	Açúcar não redutor (%)	Açúcar total (%)
T_1	50 por cento da dose reccmendada de fertilizante através de fertirrigação	21.58	10.28	5.26	15.54
T_2	60 por cento da dose reccmendada de fertilizante através de fertirrigação	21.77	10.72	5.32	16.04
T_3	70 por cento da dose reccmendada de fertilizante através de fertirrigação	21.83	11.34	5.82	17.16
T_4	80 por cento da dose reccmendada de fertilizante através de fertirrigação	22.44	11.68	6.12	17.80
T_5	90 por cento da dose reccmendada de fertilizante através de fertirrigação	22.70	12.10	6.70	18.80
T_6	100% da dose recomendada de fertilizante através de fertirrigação	23.02	12.70	7.20	19.90
T_7	100 por cento da dose recomendada de fertilizante através da aplicação no solo (controlo)	20.86	9.32	5.00	14.32
	S.E. m±	0.37	0.31	0.17	0.39
	CD a 5%	1.16	0.98	0.53	1.21

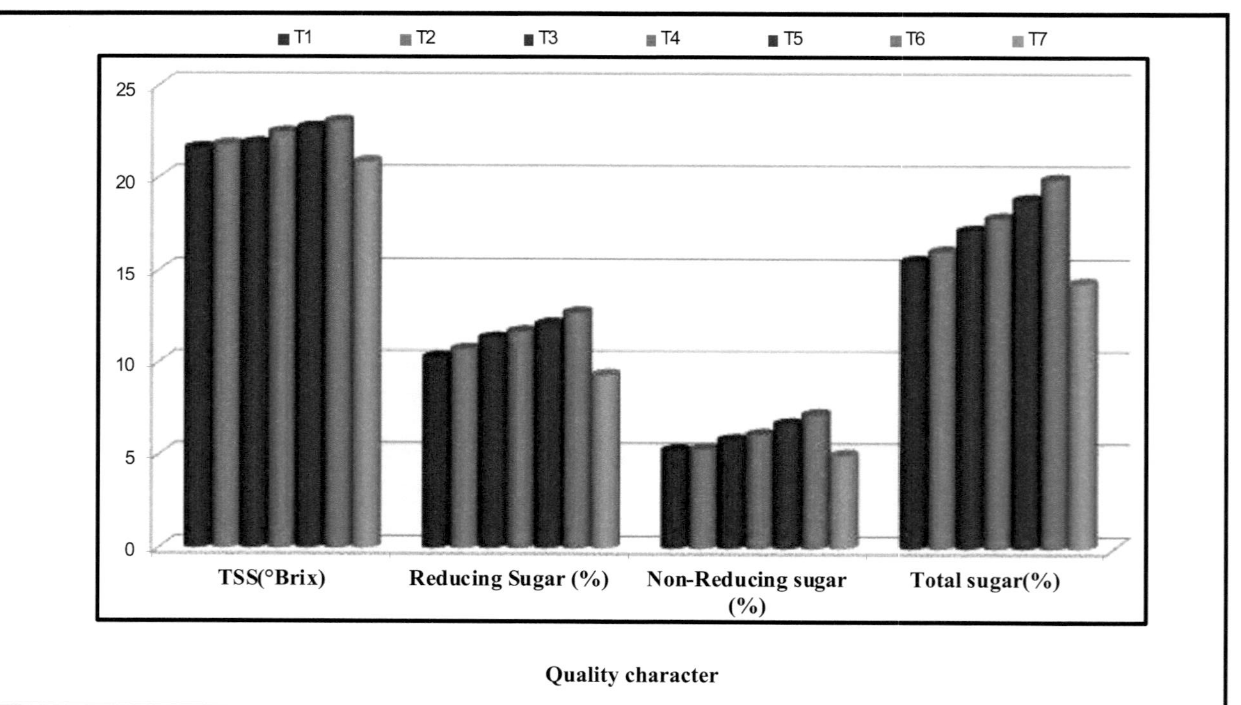

Fig.3.10: Efeito de diferentes níveis de fertirrigação nos atributos de qualidade da banana Cv. Grand Naine.

3.7 Economia

3.7.1 Rácio B: C

Os dados relativos ao rácio benefício/custo diferem significativamente devido aos diferentes tratamentos durante a análise. Os dados mostram claramente que houve um aumento significativo do rácio benefício/custo devido aos vários tratamentos.

Os dados mostraram que o tratamento T_6 , ou seja, 100% da dose recomendada de fertilizante por meio de fertirrigação, registrou significativamente a relação benefício/custo máxima (3,08 RS). No entanto, foi encontrado estatisticamente a par com o tratamento T_5 , ou seja, 90 por cento da dose recomendada de fertilizante através de fertirrigação (3,07 RS), tratamento T_4 , ou seja, 80 por cento da dose recomendada de fertilizante através de fertirrigação (3,06 RS), e tratamento T_3 , *ou seja,* 70 por cento da dose recomendada de fertilizante através de fertirrigação com benefício: rácio de custo (3,05 RS). Verificou-se que a relação benefício/custo mínima (2,80 RS) foi registada pelo tratamento T_7 , *ou seja,* 100 por cento da dose recomendada de fertilizante através da aplicação no solo (Controlo).

Os dados relativos ao custo de cultivo, retorno bruto, retorno líquido e relação benefício: custo de várias combinações de tratamento envolvidas no estudo durante 2018-2019 são apresentados na Tabela 11, respetivamente.

Entre os diferentes tratamentos, a planta tratada com o tratamento T_6 *i.e.,* 100 por cento da dose recomendada de fertilizante através da fertirrigação registou um benefício significativamente mais elevado: relação custo (3.08) e lucro líquido (541370 Rs.). Isto foi seguido pelo tratamento T_5 *i.e.,* 90 por cento da dose recomendada de fertilizante através de fertirrigação com benefício: razão de custo (3.07) e lucro líquido (540020 RS.), tratamento T_4 *i.e,* 80 por cento da dose recomendada de fertilizante através de fertirrigação com benefício: rácio de custo (3.06) e lucro líquido (535840 Rs.), T_3 *i.e.,* 70 por cento da dose recomendada de fertilizante através de fertirrigação com benefício: rácio de custo (3.05 RS) e lucro líquido (530745 Rs.), tratamento T_2 *i.e,* 60 por cento da dose recomendada de fertilizante através da fertirrigação com benefício: relação de custo (2,95) e lucro líquido (499390 Rs.), e o tratamento T_1 *i.e.,* 50 por cento da dose recomendada de fertilizante através da fertirrigação com benefício: relação de custo (2,94) e lucro líquido (498450 Rs.) No entanto, a relação benefício: custo mais baixa foi observada no tratamento T_7 *i.e.,* 100 por cento da dose recomendada de fertilizante através da aplicação no solo (Controlo) com benefício: relação de custo (2,80) e lucro líquido (360000 Rs.) respetivamente.

Os resultados mostraram que, o menor custo de cultivo (200000 Rs. Por ha) foi registado no tratamento T_7 *i.e.,* 100 por cento da dose recomendada de fertilizante através da aplicação no solo (Controlo) Enquanto que, o maior custo de cultivo (260230 Rs. Por ha) foi registado no tratamento T_6 *i.e.,* 100 por cento da dose recomendada de fertilizante através de fertirrigação.

O menor custo de cultivo no tratamento T_7 ou seja, 100 por cento da dose recomendada de fertilizante através da aplicação no solo (Controle) pode ser devido ao fato de não haver despesas com o custo de manutenção de gotejamento, encargos trabalhistas e fertilizantes insolúveis em água. No entanto, o maior custo de cultivo no tratamento T_6 *ou seja,* 100 por cento da dose recomendada de fertilizantes através da fertirrigação. Isso pode ser devido ao alto custo dos fertilizantes solúveis em água.

Em relação aos retornos económicos, os retornos monetários brutos máximos (801600.00 Rs. Por ha) e os retornos monetários líquidos (541370.00 Rs. Por ha) foram obtidos no tratamento T_6 *i.e.,* 100 por cento da dose recomendada de fertilizante através da fertirrigação. Enquanto que, os retornos monetários brutos mínimos (560000.00 Rs. Por ha) e retornos monetários líquidos (360000.00 Rs. Por ha) no tratamento T_7 *i.e.,* 100 por cento da dose recomendada de fertilizante através da aplicação no solo (Controlo). Isto pode ser devido à produção de maior rendimento de frutos com a aplicação de níveis óptimos de fertirrigação.

Em relação à relação Benefício: Custo, a maior relação Benefício: Custo (3,08) foi obtida no tratamento T_6 , ou seja, 100 por cento da dose recomendada de fertilizante através da fertirrigação. Por outro lado, o rácio benefício/custo mais baixo (2,80) foi obtido no tratamento T_7 , *ou seja,* 100 por cento da dose recomendada de fertilizante através da aplicação no solo (controlo). O maior rácio Benefício: Custo no tratamento T_6 , ou seja, 100 por cento da dose recomendada de fertilizante através da fertirrigação, devido aos melhores retornos monetários brutos e ao custo comparativamente moderado do cultivo que resultou num rácio Benefício: Custo elevado.

Resultados semelhantes foram também obtidos por Chandrakumar *et.al.* (2001), Krishnasamy *et.al.* (2012), Mahmud (2013) e Mane (2014).

Tabela 3.11. Efeito de diferentes níveis de fertirrigação na relação benefício: custo da banana Cv. Grand Naine

Tr. No.	Detalhes do tratamento	Rendimento (Mt/ha)	Rendimento monetário bruto por ha	Custo de cultivo	Rendimentos monetários líquidos por ha	Rácio B:C
T_1	50 por cento da dose recomendada de fertilizante através de fertirrigação	94.30	754400	255950	498450	2.94
T_2	60 por cento da dose recomendada de fertilizante através de fertirrigação	94.43	755440	256050	499390	2.95
T_3	70 por cento da dose recomendada de fertilizante através de fertirrigação	98.56	788480	257735	530745	3.05
T_4	80 por cento da dose recomendada de fertilizante através de fertirrigação	99.35	794800	258960	535840	3.06
T_5	90 por cento da dose recomendada de fertilizante através de fertirrigação	99.96	799680	259660	540020	3.07
T_6	100% da dose recomendada de fertilizante através de fertirrigação	100.20	801600	260230	541370	3.08
T_7	100 por cento da dose recomendada de fertilizante através da aplicação no solo (controlo)	80.00	560000	200000	360000	2.80
	S.E. m±					0.01

	CD a 5%		0.04

(Taxa de banana (T_1 -T_6) = 800 Rs. por Qt)

(Taxa de Banana (T_7) = 700 Rs. por Qt)

Nota: A taxa de banana varia consoante a época da colheita.

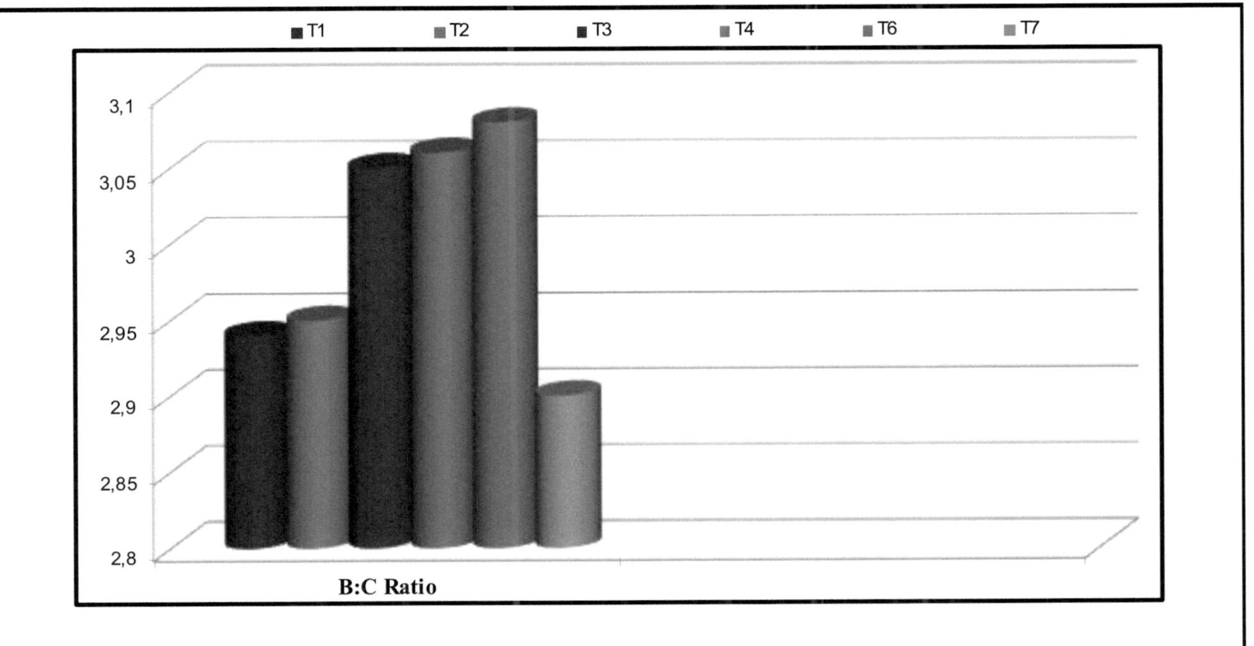

Fig. 3.11: Efeito de diferentes níveis de fertirrigação na relação benefício/custo da banana Cv. Grand Naine.

CAPÍTULO - IV

RESUMO E CONCLUSÕES

A presente investigação intitulada "Efeito de diferentes níveis de fertirrigação no crescimento, rendimento e qualidade da banana (*Musa paradisica* L.) Cv. Grand Naine" foi realizado durante 2018-2019 na Estação de Investigação da Banana, Nanded.

O experimento foi realizado em blocos casualizados (RBD) com sete tratamentos e três repetições. Os atributos de crescimento, *ou seja,* a altura da planta, a circunferência do caule, o número de folhas e a área foliar foram registados 3 meses após a plantação, 5 meses após a plantação, 7 meses após a plantação e na fase de rebentação. Os atributos relacionados com a maturidade da cultura, *ou seja,* os dias necessários para a floração após a plantação, os dias necessários para a colheita após a floração e a duração total da cultura foram registados desde a plantação até à colheita da cultura.

Todos os atributos do cacho, ou seja, *o* número de mãos por cacho, o número de dedos por mão e o número total de dedos por cacho foram registados. Do mesmo modo, os caracteres dos dedos, *ou seja, o* comprimento dos dedos, a circunferência dos dedos e o peso dos dedos, foram registados após a formação do cacho. Os atributos de rendimento, *ou seja,* o peso do cacho e o rendimento por hectare, foram registados no final da experiência. Os atributos de qualidade, ou *seja,* o peso da polpa, o peso da casca, a relação polpa/casca, a acidez, o SST, o açúcar redutor, o açúcar não redutor e o açúcar total foram registados no final da experiência.

Os atributos relativos ao crescimento, maturidade da cultura, cacho, dedo, rendimento, qualidade e aspeto económico da cultura da banana, quando estudados sob o efeito de diferentes níveis de fertirrigação, mostraram diferenças significativas em resposta aos diferentes tratamentos experimentados. Os resultados obtidos no presente estudo foram resumidos a seguir.

4.1 Atributos de crescimento

4.1.1 Altura da planta (cm)

A altura máxima da planta de banana (212,63 cm) foi registada pelo tratamento T_6 i.e., 100% da dose recomendada de fertilizante através da fertirrigação, enquanto que a altura mínima da planta (180,36 cm) foi registada pelo tratamento T_7 *i.e.,* 100% da dose recomendada de fertilizante através da aplicação no solo (Controlo).

4.1.2 Perímetro da planta (cm)

A circunferência máxima da planta (75,05 cm) foi registada pelo tratamento T_6, ou seja, 100% da dose recomendada de fertilizante através da fertirrigação. No entanto, o perímetro mínimo da planta (66,76 cm) foi registado pelo tratamento T_7, *ou seja, 100% da dose recomendada* de fertilizante através da aplicação no solo (Controlo).

4.1.3 Número de folhas por planta

O número máximo de folhas (16,91) foi registado pelo tratamento T_6, ou seja, 100% da dose recomendada de fertilizante através de fertirrigação. O número mínimo de folhas por planta (14,40) foi registado pelo tratamento T_7, *ou seja,* 100% da dose recomendada de fertilizante através da aplicação no solo (Controlo).

4.1.4 Área foliar (m)^2

O tratamento T_6, ou seja, 100% da dose recomendada de fertilizante através da fertirrigação, registou a área foliar máxima (15,95 m^2). A área foliar mínima (12,75 m^2) foi registada pelo tratamento T_7 *i.e., 100 por cento da dose recomendada* de fertilizante através da aplicação no solo (Controlo).

4.2 Duração da cultura (dias)

4.2.1 Dias necessários para a floração após a plantação

A floração precoce (220,60 dias) foi registada pelo tratamento T_6, ou seja, 100% da dose recomendada de fertilizante através da fertirrigação. No entanto, verificou-se que o atraso na floração (234,50 dias) foi registado pelo tratamento T_7, *ou seja, 100% da dose recomendada* de fertilizante através da aplicação no solo (Controlo).

4.2.2 Dias necessários para a colheita após a floração

A colheita precoce após a floração (115,60 dias) foi registada pelo tratamento T_6, ou seja, 100 por cento da dose recomendada de fertilizante através da fertirrigação. No entanto, verificou-se que o atraso na colheita (124,00 dias) foi registado pelo tratamento T_7, *ou seja,* 100% da dose recomendada de fertilizante através da aplicação no solo (Controlo).

4.2.3 Duração total da cultura

O número mínimo de dias (336,20 dias) para a duração total da cultura foi registado pelo tratamento T_6, ou seja, 100 por cento da dose recomendada de fertilizante através da fertirrigação. O tratamento T_7, *ou seja, 100 por cento da dose recomendada* de fertilizante através da aplicação no solo (Controlo), registou o número máximo de dias para a duração total da cultura (358,50 dias).

4.3 Atributos do lote

4.3.1 Número de mãos por cacho

O número máximo de mãos por cacho (10,20) foi registado pelo tratamento T_6 , ou seja, 100 por cento da dose recomendada de fertilizante através da fertirrigação. O tratamento T_7 *, ou seja, 100 por cento da dose recomendada* de fertilizante através da aplicação no solo (Controlo), registou o número mínimo de mãos por cacho (8,20).

4.3.2 Número de dedos por mão

O tratamento T_6 , ou seja, 100 por cento da dose recomendada de fertilizante através da fertirrigação, registou o número máximo de dedos por mão (17,20). O número mínimo de dedos por mão (13,00) foi registado pelo tratamento T_7 *, ou seja, 100 por cento da dose recomendada* de fertilizante através da aplicação no solo (Controlo).

4.3.3 Número total de dedos por cacho

O número total de dedos (148,10) por cacho foi significativamente maior no tratamento T_6 , ou seja, 100% da dose recomendada de fertilizante por fertirrigação. No entanto, o tratamento T_7 *, ou seja,* 100 por cento da dose recomendada de fertilizante através da aplicação no solo (Controlo), registou um número mínimo de dedos (133,30) por cacho.

4.4 Atributos dos dedos

4.4.1 Comprimento do dedo (cm)

Entre os vários tratamentos, o tratamento T_6 , ou seja, 100% da dose recomendada de fertilizante através da fertirrigação, registou o comprimento máximo do dedo (22,85 cm). O comprimento mínimo do dedo (19,15 cm) foi registado pelo tratamento T_7 *, ou seja, 100% da dose recomendada* de fertilizante através da aplicação no solo (Controlo).

4.4.2 Perímetro do dedo (cm)

A circunferência máxima do dedo foi registada pelo tratamento T_6 , ou seja, 100 por cento da dose recomendada de fertilizante através da fertirrigação (14,60 cm). O tratamento T_7 *, ou seja,* 100 por cento da dose recomendada de fertilizante através da aplicação no solo (Controlo) registou o perímetro mínimo (12,85 cm) do dedo.

4.4.3 Peso do dedo (g)

Significativamente, o peso máximo do dedo (154,60 g) foi registado pelo tratamento T_6 *i.e.,* 100 por cento da dose recomendada de fertilizante através da fertirrigação. No entanto, o peso mínimo do dedo (129,25 g) foi registado pelo tratamento T_7 *, ou seja,* 100% da dose recomendada de fertilizante através da aplicação no solo (Controlo).

4.5 Atributos de rendimento

4.5.1 Peso do cacho (kg)

O peso máximo significativo do cacho (22,54 kg) foi registado pelo tratamento T_6 , ou seja, 100% da dose recomendada de fertilizante através da fertirrigação. O peso mínimo do cacho (18,00 kg) foi registado pelo tratamento T_7 *, ou seja, 100% da dose recomendada* de fertilizante através da aplicação no solo (Controlo).

4.5.2 Rendimento por ha (Mt por ha)

O rendimento máximo por hectare (100,20 Mt por ha) foi registado no tratamento T_6 *i.e.*, 100 por cento da dose recomendada de fertilizante através de fertirrigação. No entanto, o rendimento mínimo por hectare ((80,00 Mt por ha) foi registado pelo tratamento T_7 *i.e.*, 100 por cento da dose recomendada de fertilizante através da aplicação no solo (Controlo).

4.6 Atributos de qualidade

4.6.1 Peso da pasta (g)

O peso máximo da polpa (108,50 g) foi registado pelo tratamento T_6 *, ou seja,* 100% da dose recomendada de fertilizante através de fertirrigação. Todos os tratamentos são significativamente superiores ao controlo. O peso mais baixo da polpa (89,77 g) foi registado pelo tratamento T_7 *i.e., 100% da dose recomendada* de fertilizante através da aplicação no solo (Controlo).

4.6.2 Peso da casca (g)

O maior peso de casca (46,10 g) foi registado pelo tratamento T_6 , ou seja, 100% da dose recomendada de fertilizante através da fertirrigação. No entanto, o peso mínimo da casca (39,48 g) foi registado pelo tratamento T_7 *, ou seja, 100% da dose recomendada* de fertilizante através da aplicação no solo (Controlo).

4.6.3 Rácio polpa/casca

Entre os vários tratamentos, o tratamento T_6 , ou seja, 100% da dose recomendada de fertilizante através da fertirrigação, registou o rácio polpa/casca máximo (2,35). No entanto, a relação polpa/casca mínima (2,27) foi registada pelo tratamento T_7 *, ou seja, 100% da dose recomendada* de fertilizante através da aplicação no solo (Controlo).

4.6.4 Acidez

Entre os vários tratamentos, a acidez máxima (0,163 por cento) foi registada pelo T_6 , ou seja, 100 por cento da dose recomendada de fertilizante através da fertirrigação. No entanto, a acidez mínima (0,155 por cento) foi registada pelo tratamento T_7 *, ou seja,* 100 por cento da dose recomendada de fertilizante através da aplicação no solo (Controlo).

4.6.5 Sólidos solúveis totais (^{0} Brix)

O tratamento T_6 , ou seja, 100 por cento da dose recomendada de fertilizante através da fertirrigação registou o máximo de TSS (23,02^{0} Brix) significativamente em comparação com todos os outros tratamentos. No entanto, o TSS mínimo (20,86^{0} Brix) foi registado pelo tratamento T_7 , *ou seja, 100% da dose recomendada* de fertilizante através da aplicação no solo (Controlo).

4.6.6 Açúcar redutor (%)

O máximo de açúcar redutor (12,70 por cento) foi registado pelo tratamento T_6 , ou seja, 100 por cento da dose recomendada de fertilizante através de fertirrigação. O açúcar redutor mínimo (9,32%) foi registado pelo tratamento T_7 , *ou seja,* 100% da dose recomendada de fertilizante através da aplicação no solo (Controlo).

4.6.7 Açúcar não redutor (%)

O máximo de açúcar não redutor foi registado pelo tratamento T_6 , ou seja, 100% da dose recomendada de fertilizante através de fertirrigação (7,20%). O tratamento T_7 , *ou seja, 100 por cento da dose recomendada* de fertilizante através da aplicação no solo (Controlo) registou um mínimo de açúcar não redutor (3,79 por cento).

4.6.8 Açúcar total (%)

O máximo de açúcar total (19,90 por cento) foi registado pelo tratamento T_6 , ou seja, 100 por cento da dose recomendada de fertilizante através de fertirrigação. No entanto, o mínimo de açúcar total (12,27) foi registado pelo tratamento T_7 , *ou seja,* 100% da dose recomendada de fertilizante através da aplicação no solo (Controlo).

4.7 Economia

4.7.1 Rácio B: C

Durante a investigação, entre os diferentes tratamentos, o T_6 , ou seja, 100% da dose recomendada de fertilizante através da fertirrigação, registou a maior relação benefício/custo (3,08). A relação benefício/custo mais baixa (2,80) foi registada no tratamento T_7 , *ou seja, 100% da dose recomendada* de fertilizante através da aplicação no solo (Controlo).

CONCLUSÕES

Assim, a partir dos resultados obtidos em vários aspectos durante as presentes investigações sobre o efeito de diferentes níveis de fertirrigação na bananeira, pode concluir-se que:

- A aplicação de 100% da dose recomendada de fertilizante através da fertirrigação foi considerada a melhor para aumentar o crescimento, o rendimento e a qualidade da banana cv. Grand Naine.
- A aplicação de 100% da dose recomendada de fertilizante através da fertirrigação mostra a precocidade na floração, colheita e duração total da cultura da banana cv. Grand Naine.
- A aplicação de 100% da dose recomendada de fertilizante através da fertirrigação foi observada como a mais económica e eficaz para obter maior rendimento e retorno, uma vez que o maior lucro líquido de 541370,00 Rs. por ha com a maior relação custo-benefício de 3,08 foi registado sob este tratamento.
- Mas pode concluir-se que, o tratamento T_3 *i.e.,* 70 por cento da dose recomendada de fertilizante através da fertirrigação, com um rácio custo-benefício de 3,05, está a par do tratamento T_6 *i.e.,* 100 por cento da dose recomendada de fertilizante através da fertirrigação, poupa 30 por cento de fertilizante e dá mais rendimento e maiores retornos líquidos do que o tratamento T_7 *i.e.,* 100 por cento da dose recomendada de fertilizante através da aplicação no solo (Controlo), por isso podemos fornecer 70 por cento da dose recomendada de fertilizante em vez de 100 por cento da dose recomendada de fertilizante através da fertirrigação.
- A investigação deve também ser efectuada para estudar o efeito da fertirrigação de fertilizantes simples no crescimento, desenvolvimento, rendimento e qualidade da cv. Grand Naine, uma vez que o presente estudo foi realizado com fertilizantes solúveis em água do ponto de vista económico.

LITERATURA CITADA

Agrawal, N.; Panigrahi, H. K.; Tiwari, S. P.; Agrawal. R.; Sharma, D. e Dikshit, S. N. (2010). Efeito da fertirrigação através de fertilizantes solúveis em água no crescimento, rendimento e qualidade da papaia *(Carica papaya* L). *Seminário Nacional sobre Agricultura de Precisão em Horticultura.* Pp: 507-510.

Ahmad, M. F., A. Samanta e A. Jabeen. (2010). Resposta da cereja doce (*Prunus avium*) à fertirrigação de azoto, fósforo e potássio em terras de Kerawa, no vale de Caxemira. *Indian J. Agricultural Sci.,* **80** (6):512 - 516.

Ahmed, A.B., M. A. Ali e M. I. Ihsan. (2011). Efeito da irrigação por gotejamento em desempenho da banana sob diferentes regimes de irrigação em Gezira. Actas da Conferência Africana de Ciência das Culturas, 10: 425 - 431.

Alva, A. K., S. Paramasivam, A. Fares, T. A. Obreza e A.W. Schumann. (2006). Melhores práticas de gestão do azoto para os citrinos II. Destino do azoto, transporte e componentes do orçamento de azoto. *Sci. Hort.,* 109:223 - 233.

Anónimo (2016) Base de dados da Horticultura Indiana. Direção Nacional de Horticultura,

Governo da Índia.

Anónimo, (2017). Base de dados de horticultura indiana, Conselho Nacional de Horticultura,

Governo da Índia.

Apshara, E. e S. Sathiamoorthy. (1997). Efeito da densidade de plantação e do espaçamento na

crescimento e rendimento da banana cv. Nendran (AAB). *Indian Hort.*, **47** (1-6): 1-3.

Aruna, P., I. P. Sudagar, M. I. Manivannan, J. Rajangam e S. Natarajan. (2007). Efeito da fertirrigação e do mulching na produtividade e qualidade do tomate cv. PKM-1. *Asian J. Hort.,* **2** (2): 50 - 54.

Asangla, H.K. e B. J. Pandian. (2006). Efeito da plantação de alta densidade, fertirrigação e pulverização panchagavya na banana cv. Rasthali. S. *Indian Hort.*, **54** (6): 229-233.

Ashokkumar, A. Kumar, H. K. Singh, N. Kumari e P. Kumar. (2009). Efeito de fertirrigação nas características biométricas da banana e na eficiência do uso de fertilizantes. *J. Agril. Engg.* **46** (1): 27-31.

Badgujar, C.D., C. V. Pujari e N. M. Patil. (2010). Avaliação de cultivares de bananeira sob diferentes regimes de fertilização. *Asian. J. Hort.*, **4:**332-335.

Barua, P. e Hazarika, R., (2014). Estudos sobre fertirrigação e aplicação no solo métodos de cultivo com cobertura vegetal no rendimento e na qualidade do limão Assam (*Citrus limon* L. Burmf.). *Indian J. Hort.*, **71**(2): 190-196.

Barua, P., (2013). Rendimento, qualidade da fruta e produtividade da água de Assam fertirrigado por gotejamento

limão (*Citrus limon*). *Revista Internacional de Engenharia Agrícola*, **6**(2): 339-344.

Basavaraju, T.B., Bhagya, H.P., Prashanth, M., Arulraj, S. e Maheswarappa, H.P., (2014). Efeito da fertirrigação na produtividade do coqueiro. *Journal of Plantation Crops,* **42**(2): 198-204.

Benedicts, S.R. (1908). Um reagente para a deteção de açúcares. *J. Biol. Chem.* **5**(6): 485-487.

Bhalerao, V. P., C. V. Pujari, A. D. Jagdhani e A. R. Mendhe (2010). Desempenho de banana cv. Grand Naine sob fertirrigação com azoto e potássio. *Asian J. Soil Sci.*, **4** (2):220-224.

Bhattacharyya, A. K. (2010). Efeito da irrigação por gotejamento e fertirrigação na produtividade e

caracteres de rendimento da banana cv. Barjahaji (AAA). *Adv. Plant Sci.*, **23** (2)**:** 653 - 655.

Biswas, B.C., (2010). Fertirrigação na agricultura de alta tecnologia. Notícias *de Marketing de Fertilizantes*,

41 (10): 4-8.

Chaddha, K.L. (1974). Tecnologia de produção da banana. Handbook of Horticulture. pp.464-474.

Chandrakumar, S. S., S. Thimmegowda, K. Srinivas, B. M. C. Reddy e N. Devakumar. (2001). Performance of ii References Robusta banana under nitrogen and potassium fertigation. *S. Indian Hort.*, **49** (Especial): 92-94.

Chelpinski Piotr, Skupien Katavgyna e Ochmian Ireveusz. (2010). Efeito de fertilização no rendimento e na qualidade dos frutos de morango da cultivar Kent. *Journal Elementol* **15** (2): 251-257.

Dangler, J. M. e S. J. Locascio. (1990). Rendimento de tomates irrigados por gotejamento como
afetado pelo tempo de aplicação de N e K. *J. Amer. Soc. Hort. Sci.*, **115** (4): 585 - 589.

Davenport, T. L. e R. Nunez-Elisea. (1990). Etileno e outros factores endógenos possivelmente envolvidos na floração da manga. *Ata Hort.*, **275:** 441 - 448.

Deshmukh, G. e Hardaha, M.K., (2014). Efeito da irrigação e da fertirrigação programação da irrigação por gotejamento em mamão. *Journal of Agri. Search*, 1(4): 216-220.

Deshmukh, G., Hardaha, M.K. e Mishra, K.P., (2014). Projeto de parâmetros de gotejamento
sistema de fertirrigação para a cultura da papaia (*Carica papaya* Linn.). *J. Sci. Res. and Tech.*, **2** (5): 1-4.

Deolankar, K. P. e Firake, N. N. (2001). Efeito de fertilizantes solúveis em água em crescimento e rendimento da bananeira. *J. Maharashtra Agril. Univ.*, **26** (3): 333-334.

Dhakar M. K, Kaushik R A, Sarolia D e Bana M L. (2010). Efeito da fertirrigação utilizando um sistema de irrigação por gotejamento de baixo custo nas características físico-químicas da romã cv. Bhagwa. *Indian Journal of Horticulture* **67** (Edição especial): 432-435.

Dhanumjaya, R.K. e Subramanyam, K. (2009). Efeito da fertirrigação com azoto na crescimento e rendimento da variedade de romã Mridula numa zona de baixa pluviosidade. *Agricultural Science Digest*, **29** (2): 54-56.

Divekar, B. K. (2001). Efeito de fertilizantes sólidos solúveis através de irrigação por gotejamento em
crescimento e rendimento da banana. Dissertação de Mestrado em Agri. Tese de Mestrado. Departamento de gestão da água de irrigação. PGI, MPKV, Rahuri (M.S.).

Fronza, D., A. Brackmann, R. Carlesso, R. Anese, V. Both, E. P. Pavanello e J. Hamann. (2010). Efeito da fertirrigação e do armazenamento a frio na produtividade e qualidade do figo Roxo de Valinhos. *Revista Ceres*, **57** (4): 494 - 499.

Gonge, A.P., Patel, B.N., Sonavane, S.S., Zala, J.N. e Solia, B.M., (2015). Desempenho comparativo de fertilizantes solúveis em água e usados rotineiramente com diferentes níveis de fertirrigação e frequências nos parâmetros de crescimento e duração da cultura da banana cv. grand naine sob irrigação por gotejamento. *Indian Journal of Science and Technology*, **8** (29): 1-6.

Guerra, Amiton G., Zanini, Jose R., Natale, William e Pavani, Luiz C. (2004). Frequência de fertirrigação com nitrogênio e potássio aplicados por sistema de microaspersão em bananeira Prata-anã. *Engenharia Agrícola,* 24:80-88.

Hagin, J. e Anat Lowengart. (1996). Fertirrigação para minimizar o impacto ambiental poluição por fertilizantes *Fert. Res.*, **43** (1-3): 5-7.

Hanamanth, Y. A. (2002). Estudos de irrigação e fertilização em mangas de alta densidade

(*Mangifera indica* L.). Dissertação de Mestrado apresentada à Divisão de Horticultura, UAS, G.K.V.K, Bangalore.

Haneef, M., Kaushik, R.A., Sarolia, D.K., Mordia, A. e Dhakar, M., (2014). Programação da irrigação e fertirrigação na romã cv. Bhagwa em sistema de plantação de alta densidade. *Indian J. Hort.*, **71** (1): 45-48.

Hazarika, D.N. e Mohan, N.K. (1991). Efeito do azoto no crescimento e rendimento de banana cv. Jahaji. *The Hort. J.,* **4** (1):5-10.

Hazarika, B.N. e Ansari, S. (2010). Efeito da gestão integrada de nutrientes no crescimento e rendimento da banana cv. Jahaji. *Indian Journal of Horticulture.* 67 (2): 270-273.

Hiraman, M. I. (2000). Efeito de fertilizantes solúveis em água aplicados por gotejamento no

rendimento e qualidade da goiaba (*Psidium guajava* L.) var. Sardar. Dissertação de Mestrado, M.P.K.V., Rahuri (M.S.).

Jayakumar, M., Janapriya, S. e Surendran, U., (2016). Efeito da fertirrigação por gotejamento e

mulching de polietileno no crescimento e na produtividade do coqueiro (*Cocos nucifera* L.), na eficiência da utilização da água e dos nutrientes e nos benefícios económicos. *Agricultural Water Management*, **182**: 87-93.

Jeyakumar, P., R. Amutha, T. N. Balamohan, J. Auxcilia e L. Nalina. (2010). A fertirrigação melhora a produção e a qualidade dos frutos da papaia. *Ata Hort.*, **851**:369 - 376.

Jhakar Mahesh. (2010). Efeito da fertirrigação no crescimento da romã recém-plantada sob sistema de plantio em alta densidade e parâmetros hidráulicos relacionados. Tese de Mestrado: Faculdade de Agricultura de Rajasthan, MPUAT, Udaipur.

Kachwaya, D.S. e Chandel, J.S., (2015). Efeito da fertirrigação no crescimento, rendimento, fruta

qualidade e teor de nutrientes foliares do morango (*Fragaria ananassa*) cv. Chandler. *Indian Journal of Agricultural Sciences*, **85** (10): 1319-23.

Kavino, M. (2001). Normalização da técnica de fertirrigação para a cultura da soca de banana cv. Robusta (AAA) em sistema de plantação de alta densidade. Tese de Mestrado (Hort.), Universidade Agrícola de Tamil Nadu, Coimbatore.

Khound, A. e R. K. Bhattacharyya. (2014). Influência da irrigação por gotejamento e fertirrigação no crescimento e desenvolvimento da bananeira cv. Barjahaji (AAA). *Ecol. Environ. Conser.*, **20** (4): 1619-1622 .

Kode, A. A. (2001). Efeito de fertilizantes solúveis em água através de gotejamento no crescimento, rendimento

e qualidade da banana cv. Basarai. Dissertação de Mestrado (Agri.), apresentada ao Departamento de Agronomia, IGP, MPKV, Rahuri (M.S.) pp 92-99.

Krishna, B. M. e K.G. Shanmugavelu. (1983). Estudos de correlação em bananeira *cv.* 'Robusta'. *S. Indian Hort.,* **31**: 110-111.

Krishnasamy, S., P. P. Mahendran, A. Gurusamy e R. Babu. (2012). Effect of sub fertirrigação por gotejamento superficial no crescimento e rendimento da banana. *Madras Agric. J.*, **99** (10): 803-806.

Kulasekaran, M. (1993). Nutrição da bananeira. Avanços em Horticultura, Vol.2, Fruta culturas. Parte 2. Eds. Chadha, K.L. e O. P. Pareek. Malhotra publishing house, New Delhi.

Kumar, D., Pandey, V. e Nath, V., (2012). Crescimento, rendimento e qualidade de vegetais banana Monthan (Banthal-ABB) em relação à fertirrigação com NPK. *Indian J. Hort.*, **69** (4): 467-471.

Kumar, N. e L. Nalina. (2001). Investigação sobre a plantação de alta densidade de bananas em

Tamil Nadu- Um resumo. *S. Indian Hort.*, **49** (Especial): 1-5.

Kurafuji Y, Ogoro A, Fujii Y, Ono T, Kubota N e Mori S. (2008). Novo sistema para cultivo de uvas em plantação de alta densidade utilizando o sistema de fertirrigação com cobertura de plástico. *Horticultural Research Japan* **7**: 425-431.

Liang, P., Z. C. Chang, P. Jiang, C. Wang, X. L. Sheng, C. L. Lei e T. L. LiLi. (2011). Os efeitos da fertirrigação por gotejamento no crescimento da árvore e frutificação da laranja doce Trovita (*Citrus sinensis* Osbeck) em solo roxo calcário em Chongqing da China. *Ata Hort.*, **38** (1):1 - 6.

Lodolini, E. M., P. Falleroni, S. Polverigiani e D. Neri. (2011). Fertirrigação de oliveiras jovens na região de Marche, Itália Central: resultados de um estudo preliminar. *Ata Hort.*,**888**: 289 - 294.

Mahalakshmi, M. (2000). Estudos de gestão da água e da fertirrigação na bananeira cv. Robusta (AAA) em sistemas de plantação normal e de alta densidade de plantação. Tese de doutoramento, Universidade Agrícola de Tamil Nadu, Coimbatore.

Mahalakshmi, M., Kumar, N., Jayakumar, P. e Soorianathansundaram, K., (2001). Estudos de fertirrigação em bananeira sob sistema normal de plantio. *South Indian Hort.,* **49** (Spl.): 80 -85.

Mahendran, P.P., Yuvaraj, M., Parameswari, C., Gurusamy, A. e Krishnasamy, S., (2013). Melhorar o crescimento, rendimento e qualidade da banana através de fertirrigação por gotejamento subsuperficial. *Revista Internacional de Ciências Químicas, Ambientais e Biológicas*, **1** (2): 391-394.

Mahmoud, H.H., (2013). Efeito de diferentes níveis de distâncias de plantio, irrigação e fertirrigação nos caracteres de rendimento da cultura principal da banana cv. Grand Naine. *Global Journal of Plant Ecophysiology*, **3** (2):115-121.

Mahmoud, H. H. e F. Y. Gaffer. (2013). Efeito de diferentes níveis de plantação

Distâncias, irrigação e fertirrigação nos caracteres de crescimento da cultura principal e da soca da bananeira Cv. Grand Naine. *Global J. Plant Ecophysiol*, **3** (2): 104-109.

Mane, S.R. (2014). Resposta de fertilizantes solúveis em água em banana *(Musa paradisiaca.)* cv. Grand Naine. Tese de Doutoramento (Hort.), Universidade Agrícola de Navsari, Navsari.

Moitra, P., A. V. Dhake, N. Phadke e V. R. Balasubramanyam. (2000). Efeito de Diferentes fontes e níveis de fertilizantes NPK através de fertirrigação por gotejamento no rendimento e qualidade da banana Grand Naine. Banana Singh, H.P e K.L. Chadha (eds.). AIPUB, Trichy.

Murray, D.B. (1960). O efeito de deficiências dos principais nutrientes no crescimento e na análise foliar da bananeira. *Trop. Agric.***37**: 97-106.

Naidu, M.M., Mamata, K., Naga Lakshmi, R., Bhagavan, B.V.K. e Rajashekaram, T., (2015). Efeito da densidade de plantas e da fertirrigação no crescimento e produtividade da bananeira cv. Martaman (AAB). *Revista de Engenharia Agrícola e Tecnologia de Alimentos*, **2** (3): 178-180.

Natesh, B. B., M. Aravindakshan e P. K. Valsalajuman. (1993). Efeito da divisão aplicação de fertilizantes em bananeira, Musa AAB 'Nendrans' Archive. 11**(2)**: 677-681.

Ortiz, (1997). Correlação genética e fenotípica em híbridos euplóides de bananeira. Melhoramento de plantas, 116 **(5):** 487- 491.

Oubahou, A.A.; Dafiri, M. e Ait-Oubahou, A. (1987). Azoto da bananeira e nutrição potássica. P.H.M. -Revue. *Horticole,* **276**: 48-49.

Pannunzio, A., P. Texeira, F. Vilella e L. Puhl. (2009). Fertirrigação em mirtilos em Concordia, Argentina. Ata Hort., **810** (2):771 - 776.

Pandit, S.N.; Singh, C; Ray, R.N.; Jha, K.K. e Jain, B.P. (1992). Fertilizante programação da produção de bananas anãs em Bihar. *J. Res. Birsa Agril. Univ.,* **4** (1): 25-29.

Panse, V.G. e Sukhtame, P.V. (1967). Statistical methods for agricultural workers, ICAR, New Delhi.

Patel, N. M., D. K. Patel e L. R. Verma. (2010). Gestão do azoto na goiaba (*Psidium guajava* L) cv. Lucknow-49 através de fertirrigação nas condições do Norte de Gujarat. *Asian J. Hort.,* **5** (2):439 - 441.

Patil, R. R. (2009). Efeito de fertilizantes solúveis em água no crescimento, rendimento e qualidade da banana. Tese de Mestrado (Agri.) apresentada ao Departamento de Gestão da Água de Irrigação, M. P. K. V., Rahuri, (M. S.).

Patil S.D., Patil M.R. e Badgujar C.D. (2012). Riqueza varietal da banana em Maharashtra: An Overview. *J. of DAMA International Science*. Vol.1 No.3.

Patel, U.B e Y. N. Tandel. (2013). Gestão do azoto na banana (*Musa Paradisica* L) Cv. Basrai através de gotejamento sob sistema de fileiras emparelhadas. *Globel J. of Sci. Frontier* Res., **13** (8): 31-36.

Pawar, D.D. e Dingre, S.K., (2013). Influência da programação da fertirrigação através de

O efeito do gotejamento no crescimento e rendimento da banana no oeste de Maharashtra. *Indian J. Hort.*, **70** (2): 200-205.

Prakash, K. (2010). Estudos sobre a influência dos regimes de irrigação por gotejamento e fertirrigação

na manga var. alphonso em plantação de ultra-alta densidade. Dissertação de Mestrado (Hort.) apresentada à Tamil Nadu Agricultural University, Coimbatore.

Pralhad, G. A. (2014). Desempenho comparativo de solúveis em água e rotineiramente usados

fertilizante em banana cv. Grand Naine sob irrigação por gotejamento. Tese de Doutorado em Ciências da Fruta, apresentada à Aspee College of Horticulture And Forestry Navsari Agricultural University, Navsari.

Pramanik, S. e Patra, S.K., (2015). Efeito da irrigação por gotejamento vis-à-vis a irrigação de superfície em frutas

rendimento, absorção de nutrientes, eficiência do uso da água e qualidade da banana na planície Gangetic de Bengala Ocidental. *Indian J. Hort.*, **72** (1):7-13.

Pramanik, S., Tripathia, S.K., Raya, R. e Banerjee, H., (2014). Económico

Avaliação do sistema de fertirrigação por gotejamento no cultivo de banana cv. Martaman (AAB, Silk) na nova zona de aluvião de Bengala Ocidental. *Agricultural Economics Research Review*, **27** (1): 103-109.

Ram, R. A. e Prasad, J. (1988). Efeito do azoto, fósforo e potássio na qualidade dos frutos da banana cv. Campierganj Local *(Musa* ABB). *South Indian Hort.,* **36** (6): 290-292.

Ramniwas, Kaushik, R.A., Pareek, S., Sarolia, D.K. e Singh, V., (2013). Efeito de A programação da fertirrigação por gotejamento na eficiência do uso de fertilizantes, estado de nutrientes nas folhas, rendimento e qualidade da goiaba 'Shweta' (*Psidium guajava* L.) sob pomar de prado. *Natl. Acad. Sci. Lett.*, **36** (5): 483-488.

Ramniwas, Kaushik, R.A., Sarolia, D.K., Pareek, S. e Singh, V., (2012). Efeito de A irrigação e a programação da fertirrigação no crescimento e rendimento da goiaba (*Psidium guajava* L.) em pomares de prados. *Jornal Africano de Investigação Agrícola*, **7** (47): 6350-6356.

Ranganna, S. (1977). "Manual de Análise de Produtos de Frutas e Vegetais". Jata Mc Grow Hill Publishing Co. Ltd., Nova Deli.

Raskar B. S. (2003). Efeito da técnica de plantação e da fertirrigação no crescimento, rendimento e

qualidade da banana (*Musa* sp.) *Indian J. Agro.,* **48** (3): 95-97.

Reddy, B. M. C., Srinivs, K. Padma, P. e Raghupathi, H. B. (2002). Resposta de banana robusta à fertirrigação com N e K. *Indian J.Hort.* **59** (4): 342- 348.

Robinson, J. C. e D. J. Nel. (1989). Crescimento e desenvolvimento da bananeira no subtropicais. *Boletim de Informação do CSFRI*, **201**: 1-2.

Saad, M. M. e Atawia, A. A. R. (1999). Efeito da aplicação de potássio no crescimento, produtividade e qualidade dos frutos da bananeira 'Grand Naine' em solo arenoso sob sistema de irrigação por gotejamento. *Alexandria J. Agril. Res.*, **44** (1): 1 71 -180.

Sadarunnisa, S., C. Madhumathi, K. H. Babu, B. Sreenivasulu e M. R. Krishna. (2010). Efeito da fertirrigação no crescimento e rendimento da papaia cv. Red Lady. *Ata Hort.*, **851**: 395 - 400.

Sanjit, P., S. K. Tripathi, R. Ray e B. Hirak. (2014). Avaliação económica do gotejamento fertirrigação na cultura da banana cv. Martman (AAB) na nova zona de aluvião de Bengala Ocidental. Agric. Economics Res. Rev., **27:** 103-109.

Senthilkumar, M., Ganesh, S., Srinivas, K., Panneerselvam, P. e Kasinath, B.L., (2016). Combinando fertirrigação e consórcio de biofertilizantes para aumentar o crescimento e o rendimento da banana cv. Robusta (AAA). *Indian J. Hort.*, **73** (1): 36-41.

Sathyanarayana, M. (1985). Efeito do número de folhas funcionais no crescimento e rendimento da banana Cavindish anã. Banana News Let. **9:** 34.

Sheikh, M.K. e Rao, M.M., (2005). Efeito da aplicação fraccionada de N e K em crescimento e rendimento da romã. *Karnataka J. Agric. Sci.*, **18** (3):854-856.

Shibles, R. M. e C. R. Webber. (1996). Incepção da radiação solar e da matéria seca produção por vários padrões de plantio de soja. *Crop Sci.,* **6:** 55-59.

Shimi, G. J. (2015). Gestão de insumos para agricultura de precisão em banana. Doutoramento (Hort.)
Tese, apresentada à Universidade Agrícola de Kerala, Vellayani.

Silva, R. A., L. F. Da Cavalcante, J. S. Holanda, W. E. de Pereira, M. F. Moura e M. De Ferreira Neto. (2006). Qualidade dos frutos do coqueiro anão verde fertirrigado com nitrogênio e potássio. *Revista Brasileira de Fruticultura,* **28** (2):310 - 313.

Simmonds N.W. e Shephered K. (1955). The taxonomy and origin of cultivated bananas. *J. Linn. Soc. London Bot.* 55:302-312.

Singh, A. K., R. K. Sinha, A. K., Singh, H. K. e Mishra, A. P. (2007). Efeito de fertirrigação em banana através de irrigação por gotejamento no norte de Bihar. *J. Res. Birsa Agric. Univ.* 19:81-86.

Singh B P, Dimri D C e Singh S C. (2007). Eficácia da gestão de NPK através de fertirrigação nas características de crescimento da planta de maçã (*Malus domestica* Borkh.). *Pantnagar Journal of Research* **5**: 50-53.

Singh, D. K.; Paul, P. K. e Ghosh, S. K. (2004). Crescimento, rendimento e qualidade dos frutos de
papaia influenciada por diferentes níveis de N, P e K. *Hort. J.*, **17** (3): 199-204.

Singh, D. S.; Singh, S. P. e Maurya, A. N. (1990). Efeito de N, P e GA3 em composição química da goiaba cv. Allahabad Safeda durante o inverno. *Prog. Hort.*, **21** (1-4): 1-5.

Singh, H.P. e Chundawat, B.S. (2002). Improved Technology of banana. Ministério Agricultura, Governo da Índia. pp 1-46.

Singh, K. K., P. K. Singh, P. K. R. Pandey e K. N. Shukla. (2006). Água integrada e gestão de nutrientes da cultura de manga jovem na região de tarai de Uttaranchal: 3rd Asian Regional Conference, Sep. 10 - 16, PWTC, Kualalumpur. pp. 314.

Singh Prabhakar, Singh A K e Sahu Kamlesh. (2006). Irrigação e fertirrigação de Romã cv. Ganesh em Chhatisgarh. *Indian Journal of Horticulture* **66** (2): 148-151.

Singh P, Lal R L, Singh P K e Shukla P. (2010). Resposta da micro irrigação e fertirrigação no crescimento, rendimento e qualidade da lichia cv. Rosa Perfumada. *Journal of Research* **8** (1): 64-68.

Singh, R. N. (2005). Mango. Conselho Indiano de Investigação Agrícola, Nova Deli.

Sivakumar, V. (2007). Estudos sobre a influência dos regimes de irrigação por gotejamento e fertirrigação

na manga (*Mangifera indica* L.) cv. Ratna sob alta densidade de plantio. Tese de doutoramento (Hort.) apresentada à Universidade Agrícola de Tamil Nadu, Coimbatore.

Sousa, V. F., M. E. De Veloso, C. Vasconcelos, L. F. L. Ribeiro, V. Q. Souza e V. A. B. Albuquerque Junior. (2004). Nitrogênio e potássio aplicados por fertirrigação sobre as características de produtividade da bananeira 'Grand Naine'. *Pesquisa Agropecuária Brasileira*, **39** (9): 865 - 869.

Srinivas. K.; Reddy, B. M.C.; Kumar, S. S.C.; Gowda, S. T.; Raghupati, H.B e Padma, P. (2001). Crescimento, rendimento e absorção de nutrientes da banana Robusta em relação à fertirrigação com N e K. *Indian J. Hort.,* **58** (4): 287-293.

Srivastava, A K, Shirgure P S e Singh Shyam. (2003). Diferentes sistemas de fertirrigação resposta da tangerina magpin (C. *reticulata* Blanco.). *Agricultura Tropical* **80** (2): 97-104.

Stover, R.H e N. W. Simmonds. (1987). Bananas. 3ª ed., Longmans Group Ltd. Longmans Group Ltd,

Londres. 252.

Suganthi, L. (2002). Estudos de manejo da fertirrigação em bananeira cv. Banana vermelha (AAA) sob diferentes densidades de plantação. M.Sc. (Tese), Universidade Agrícola de Tamil Nadu, Coimbatore-3.

Suman Shashi. (2011). Estudos sobre o efeito da irrigação por gotejamento, fertirrigação e cobertura morta na distribuição de nutrientes e na produtividade da macieira. Tese de doutoramento, Universidade de Horticultura e Silvicultura Dr. YS Parmar, Nauni, Solan (HP) Índia.

Suresh, P.M. e Kumar, S., (2014). Influência da fertirrigação por gotejamento na morfologia em aonla (*Emblica officinalis* Gaertn.) cv. *Trends in Biosciences*, **7** (14): 1638-1640.

Tank, R.V., Patel, N.L. e Naik, J.R., (2011). Efeito da fertirrigação no crescimento, rendimento e qualidade da papaia (*Carica papaya* L.) cv. Madhu Bindu nas condições do sul de Gujarat. *The Asian Journal of Horticulture*, **6** (2): 339-343.

Thakur S K e Singh P. (2004). Estudos sobre a fertirrigação da manga cv. Amrapali. *Anais da Investigação Agrícola* **25** (3): 415-417.

Tumbare, A. D. e Bhoite, S. U. (2001). Otimização do fertilizante líquido para a bananeira (*Musa acuminata*) sob irrigação por gotejamento. *Indian J. Agric.Sci.* **71** (12): 772-773.

Turner, D. W. e B. Barkus. (1970). Uma relação empírica entre clima, nutrição e concentração de nutrientes em folhas de bananeira. Frutas, **35:** 151-158.

Twyford, T. (1967). Banana nutrition: A review of principles and practice. **J.** *of Sci. de alimentação e agricultura,* **18:** 177 - 183.

Vanilarasu. (2017). Efeito da fertirrigação com aplicação de bioinoculantes no crescimento, rendimento, qualidade e atributos de resistência da banana cv. Ney Poovan. Tese de doutoramento (Hort.) apresentada à Tamil Nadu Agricultural University, Coimbatore.

Wareing, P. F e I. D. J. Phillips. (1970). O controlo e o desenvolvimento nas plantas. Pergamon Press, Oxford. 1- 21.

Yuvraj, M. P e P. Mahendran. (2014). Efeito da fertirrigação por gotejamento sub-superficial em crescimento, atributos de rendimento e população microbiana da banana cv. Rasthali. *Revista Africana de Investigação Microbiológica,* Pp. 53-56.

Printed by Books on Demand GmbH, Norderstedt / Germany